JN016734

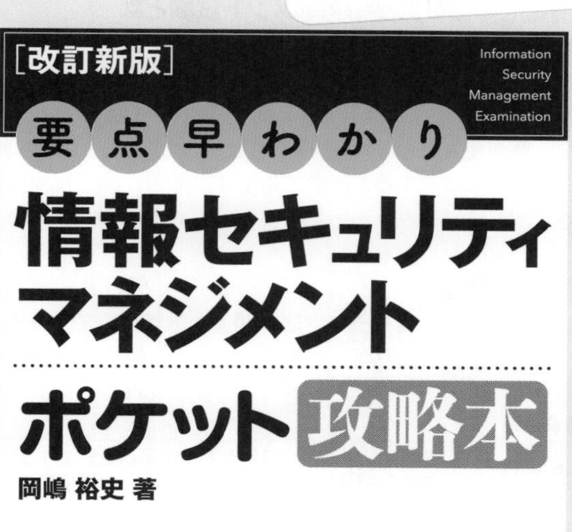

技術評論社

試験の概要

情報セキュリティマネジメント試験とは

情報セキュリティマネジメント試験は，企業などにおいて情報漏えいや情報セキュリティ事故への対策と対応，安全を確保した上での積極的なITの利活用を行う担当者としてのスキルを証明するための資格試験です。情報セキュリティ業務のPDCAサイクルを上手に回すためのマネジメントに精通することができます。そのため，技術的な出題は少なめです。

試験の範囲

試験範囲はセキュリティ，法務関連が重点分野です。その他，テクノロジ系，マネジメント系，ストラテジ系から幅広く出題されます。

重点分野

セキュリティ	情報セキュリティ，情報セキュリティ管理，セキュリティ技術評価，情報セキュリティ対策，セキュリティ実装技術
法務	知的財産権，セキュリティ関連法規，労働関連・取引関連法規，その他の法律・ガイドライン・技術者倫理，標準化関連

関連分野

テクノロジ系	システム構成要素
	データベース
	ネットワーク
マネジメント系	プロジェクトマネジメント
	サービスマネジメント
	システム監査
ストラテジ系	システム戦略
	システム企画
	企業活動

出題形式，試験区分

試験はコンピュータを用いた方式で行われ，科目Aと科目Bの2区分があります。科目Aでは短文の問題文が48問，科目Bでは文章問題が12問出題されます。試験時間はあわせて120分です。素点からIRT（Item Response Theory：項目応答理論）で評価点を算出して，科目A・Bあわせて1,000点満点中600点以上を獲得すると合格となります。

試験区分	科目A	科目B
出題形式	多肢選択式（四肢択一）	多肢選択式
出題数と回答数	48問／48問	12問／12問

試験実施日

2023年4月から，情報セキュリティマネジメント試験は通年実施になりました。

申込み

受験の申込みは，インターネットから行います。詳しい申込み方法は公式のWebサイトでご確認ください。受験料は7,500円です。

問合せ先

試験や申込み方法の詳細・最新情報については，IPAのWebサイトから必ず各自でご確認ください。

https://www.ipa.go.jp/

本書の使い方

本書は，「短い時間」で「効率よく覚える」ことを目的に作りました。覚えるための工夫をたくさん盛り込んであるので，通勤・通学電車の中やちょっとした空き時間に目を通して，無理なく学習できます。

科目Bは，問題文の長さに戸惑うかもしれませんが，設問には選択肢が用意されていて，恐るるに足らずです。

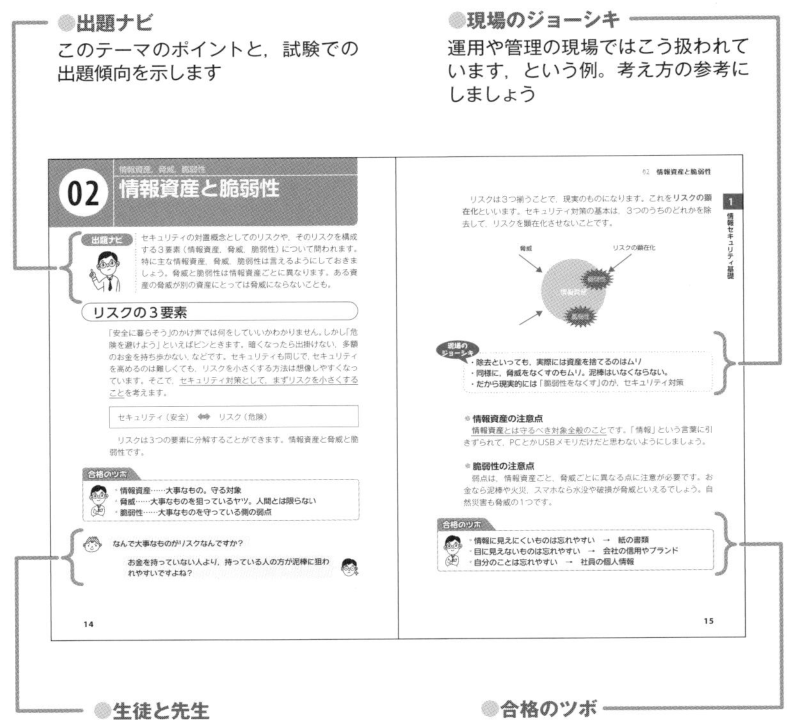

●こんな問題が出る！
科目Aの出題例です

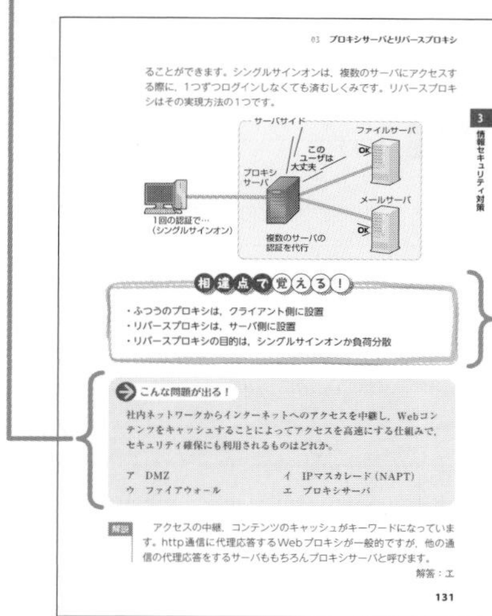
03 プロキシサーバとリバースプロキシ

ることができます。シングルサインオンは，複数のサーバにアクセスする際に，1つずつログインしなくても済むしくみです。リバースプロキシはその実現方法の1つです。

相違点で覚える！
・ふつうのプロキシは，クライアント側に設置
・リバースプロキシは，サーバ側に設置
・リバースプロキシの目的は，シングルサインオンか負荷分散

こんな問題が出る！
社内ネットワークからインターネットへのアクセスを中継し，Webコンテンツをキャッシュすることによってアクセスを高速にする仕組みで，セキュリティ確保にも利用されるものはどれか。

ア DMZ　　イ IPマスカレード（NAPT）
ウ ファイアウォール　　エ プロキシサーバ

解説　アクセスの中継，コンテンツのキャッシュがキーワードになっています。http通信に代理応答するWebプロキシが一般的ですが，他の通信の代理応答をするサーバももちろんプロキシサーバと呼びます。
解答：エ

131

●○○で覚える！
「3ステップで覚える」「順番で覚える」など，さまざまな覚え方で記憶力アップ！

●覚えにくいを覚えやすく
名前が似ている，機能が似ているなど，混同しがちな項目をまとめ，確実に覚えられるようにしました

●科目Bはこう出る！
ここで学んだ項目が，どのような文脈で科目Bに取り上げられるかを示しました

覚えにくいを覚えやすく
BCPとコンティンジェンシープラン
・BCP……事業を継続させるためのあれやこれやの計画。長期的
・コンティンジェンシープラン……緊急時にどうすればいいかの計画。短期的

● リスクヘッジ
リスクヘッジはリスクを小さくするための防止策のことですが，本試験では主にリスクを分散させることの意味で使われます。

● リスクファイナンス
リスクファイナンスは，リスク対応と対になる用語で，リスクに対する金銭的な手当をすることです。リスク移転とリスク保有に分けられます。お金を捻出する方法としては，リスク移転（保険）がすぐに思い浮かびますが，自己資金で手当てするリスク保有も忘れないようにしましょう。

● 情報化保険
損害賠償が発生したとき，SNSが炎上したときなど，さまざまなケースに対応する保険商品が登場しています。

科目Bはこう出る！
〔D事業所のレイアウト変更〕
F社は，今年，通販事業部を新設し，消費者に直接通信販売する新規事業を開始した。通販事業部は，本社から離れた所にある平屋建てのD事業所を卸事業部とともに使用している。D事業所では，卸事業部の人数と通販事業部の人数を合計して40名の従業員が働いている。これまでF社は，個人情報はほとんど取り扱っていなかったが，通信販売事業が順調に拡大し，複合機で印刷した送り状など，顧客の個人情報を大量に取り扱うようになってきた。そこで，通販事業部のN部長は，情報セキュリティを強化するために，オフィスレイアウトの変更を本社の総務

102

第 1 章

情報セキュリティ基礎

情報資産，脅威，脆弱性

情報のCIA

なぜセキュリティ対策をしなければならないのか，そもそもセキュリティとはなにか，といったマインドセットの単元です。直接の出題もありますし，これらの知識を前提とした出題もありますので，しっかり理解しておきましょう。最初は，暗記よりも理解です。

セキュリティの目的

セキュリティとは，「経営資源を脅威から守り，安全に経営を行うための活動全般」です。もう少しわかりやすく，「大事なものを，それを脅かすものから守って，安全に暮らす／仕事をする」と考えてもよいでしょう。

これが「情報セキュリティ」となると，守るべきものが「情報関連」に限定されてきますが，USBメモリにも情報が入っていますし，スマホは情報機器ですし，営業秘密や経営ノウハウ，個人情報も情報ですから，守る範囲は相当広いと思ってください。

CIA

情報セキュリティは，3つの要素から成り立っているといわれています。それがCIA（Cは機密性，Iは完全性，Aは可用性の略）です。

機密性（Confidentiality）

権限を持った特定の人だけが，情報や情報機器を使える状態のことです。スマホにパターンロックをかけているのであれば，そのスマホには機密性があります。一方でたとえパスワードが設定されていても，それを友だち同士で共有しているのでは，機密性はありません。

完全性（Integrity）

情報が正確で，欠けていたり書き換えられたりしていない状態のことです。例えば，実印をついた書類は，本人が内容の正確性を確認し，以降改ざんがなされていないことが保証されるので，完全性があるといえます。電子ファイルに対しても，電子署名で同様のことが可能です。

● 可用性（Availability）

情報を利用したいと思ったときに，使える状態にあることです。コンビニは深夜に行っても大晦日に行っても開いているので，非常に可用性が高い生活資源です。パソコンで同じことをするのは結構大変で，OSの更新などがあるとすぐに10分や20分は使えない状態になってしまいます。

合格のツボ

CIAは
- 機密性は，秘密にできること
- 完全性は，欠けたり変わったりしないこと
- 可用性は，使いたいときに使えること

セキュリティっていうだけあって，アメリカの中央情報局がからんでくるんですね！

お約束のボケですね。このCIAは信頼性，完全性，可用性の略です。

げっ，3つも覚えないとダメですか……。

ISO/IEC TR13335という国際規格が新しいのを3つ足しましたよ。余裕があれば覚えておきましょう。

追加で覚える！

- 真正性 …………利用者やシステムの振る舞いに不正がないこと
- 責任追跡性 ……利用者やシステムの振る舞いが記録でき，説明責任を果たせること。事後否認が防止できること
- 信頼性 …………システムの振る舞いに矛盾がないこと
- 否認防止 ………事象の発生とそれをやったのが誰かを特定できること

こんな問題が出る！

ファイルサーバについて，情報セキュリティにおける“可用性”を高めるための管理策として，適切なものはどれか。

ア　ストレージを二重化し，耐障害性を向上させる。
イ　デジタル証明書を利用し，利用者の本人確認を可能にする。
ウ　ファイルを暗号化し，情報漏えいを防ぐ。
エ　フォルダにアクセス権を設定し，部外者の不正アクセスを防止する。

解説　「可用性」は「使いたいときに使える」ことです。そのまま問われることはありませんから，選択肢を読み替える能力が重要になります。
アが正答です。記憶装置が二重になっているわけですから，片方が壊れてももう片方は使えます。「使いたいときに使える」可能性が高まります。

解答：ア

情報セキュリティの重要性とそのコスト

情報セキュリティが重要であることは，みんなが納得できるくらい周知されてきました。個人情報や機密情報が漏えいすれば，企業イメージの悪化，損害賠償を免れませんし，攻撃者の攻撃で情報システムがストップすれば，そのまま事業の停止を意味することもあります。企業や業務の価値を守っていく上で，情報セキュリティの確保が必須になっているのです。

● BCP

事業継続計画（Business Continuity Plan）のこと。大規模な自然災害やテロでも事業が継続できるように，あらかじめ練っておくプランのことです。平常時と同様に仕事をするのは無理ですが，重要な資産だけはなんとか守ったり，早期復旧に向けての活動を行います。

災害の時くらい休みましょうよ。

3日で復旧するのと，1週間で復旧するのでは倒産確率がだいぶ違うみたいですよ。

社会人は辛い……。

地震対策では，家庭で72時間は自助できる備えをしますよね。完全でなくても自助の考えを持っておくことはとても大事です。

● BCM

事業継続管理（Business Continuity Management）のことで，インシデントが起こったときに事業を継続するための体系的な取組みです。BCPでプランだけを作っていても，その通りに実行できなければなんの意味もありません。BCMによって実行体制，実行組織がきちんと運用されることで非常事態に対処できるようになります。

● セキュリティのコスト

セキュリティは「経営資源を脅威から守り，安全に経営を行うため」の活動です。あくまでも本業をうまく安全にまわすための支援活動であることに注意してください。セキュリティにかけるコストは，効果とのバランスで決定します。

セキュリティ事故が続いた時期に，コストを度外視してセキュリティ対策を行い，本業を傾かせた会社がありましたが，本末転倒です。

- セキュリティと利便性はトレードオフ（シーソーの関係）
- セキュリティを高めると，便利さが犠牲になる
- 一般社員の間では，セキュリティはたいてい嫌われ者

情報資産，脅威，脆弱性

情報資産と脆弱性

出題ナビ

セキュリティの対置概念としてのリスクや，そのリスクを構成する３要素（情報資産，脅威，脆弱性）について問われます。特に主な情報資産，脅威，脆弱性は言えるようにしておきましょう。脅威と脆弱性は情報資産ごとに異なります。ある資産の脅威が別の資産にとっては脅威にならないことも。

リスクの３要素

「安全に暮らそう」のかけ声では何をしていいかわかりません。しかし「危険を避けよう」といえばピンときます。暗くなったら出掛けない，多額のお金を持ち歩かない，などです。セキュリティも同じで，セキュリティを高めるのは難しくても，リスクを小さくする方法は想像しやすくなっています。そこで，セキュリティ対策として，まずリスクを小さくすることを考えます。

セキュリティ（安全） ⟺ リスク（危険）

リスクは3つの要素に分解することができます。情報資産と脅威と脆弱性です。

合格のツボ

- 情報資産……大事なもの。守る対象
- 脅威……大事なものを狙っているヤツ。人間とは限らない
- 脆弱性……大事なものを守っている側の弱点

なんで大事なものがリスクなんですか？

お金を持っていない人より，持っている人の方が泥棒に狙われやすいですよね？

リスクは3つ揃うことで，現実のものになります。これを**リスクの顕在化**といいます。セキュリティ対策の基本は，3つのうちのどれかを除去して，リスクを顕在化させないことです。

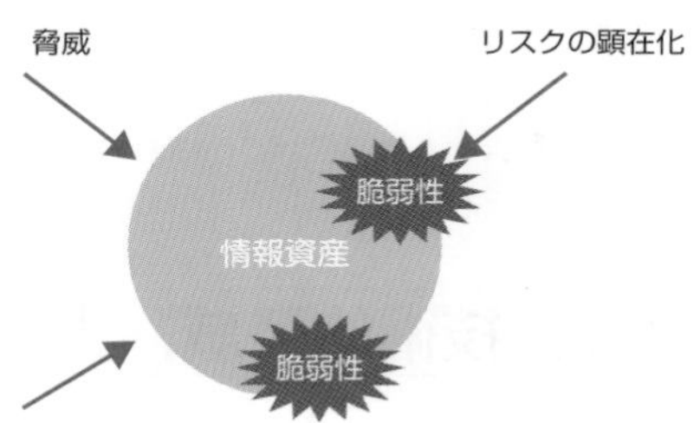

- 除去といっても，実際には資産を捨てるのはムリ
- 同様に，脅威をなくすのもムリ。泥棒はいなくならない。
- だから現実的には「脆弱性をなくす」のが，セキュリティ対策

● 情報資産の注意点

情報資産とは守るべき対象全般のことです。「情報」という言葉に引きずられて，PCとかUSBメモリだけだと思わないようにしましょう。

● 脆弱性の注意点

弱点は，情報資産ごと，脅威ごとに異なる点に注意が必要です。お金なら泥棒や火災，スマホなら水没や破損が脅威といえるでしょう。自然災害も脅威の1つです。

合格のツボ

- 情報に見えにくいものは忘れやすい　→　紙の書類
- 目に見えないものは忘れやすい　→　会社の信用やブランド
- 自分のことは忘れやすい　→　社員の個人情報

03 脅威の種類

出題ナビ

情報資産を脅かすものが脅威です。資産の数だけ脅威があるので，どんなものが脅威になり得るか，思考力と応用力の勝負です。主要な脅威については覚えておくと，得点の効率がよくなります。大きなセキュリティのニュースはチェックしておきましょう。

物理的脅威，技術的脅威，人的脅威

脅威はありとあらゆるところに存在します。そのすべてを数え上げて対策を（あるいは対策しないで済むかを）考えるのがセキュリティ対策ですが，言うのは簡単でも実行するのは困難です。少しでも脅威を網羅する助けになるように，特徴ごとに脅威を3つに分類します。それが，**物理的脅威，技術的（論理的）脅威，人的脅威**です。

● 物理的脅威

目に見えやすくて，わかりやすい脅威です。火災，地震，落雷などの自然災害や，機械の故障がそうで，泥棒による盗難や侵入者による破壊もここに分類します。

● 技術的脅威（論理的脅威）

コンピュータ絡みの脅威です。不正アクセス，DoS攻撃，コンピュータウイルス，盗聴はもちろん，ソフトウェアのバグなどが該当します。物理的脅威と違って目に見えないことに注意が必要です。

● 人的脅威

人にまつわる脅威です。間違った操作で大事なデータを全部消してしまう，内部犯が仕事のふりをして情報を漏えいし続けていた，内部犯が機密情報をたっぷり持って転職してしまった……，などのパターンがあります。最も対策しにくい脅威です。

物理的脅威	火災，地震，落雷	泥棒，侵入者	故障，破損
技術的脅威	不正アクセス，盗聴	DoS攻撃，標的型攻撃	コンピュータウイルス，ランサムウェア，バグ
人的脅威	操作ミス，管理ミス	内部犯	

なんで人的脅威は対策しにくいんですか？

「信用できないなら隔離」はセキュリティ対策の基本ですが，社員を隔離したらそもそも仕事ができないですよね。

合格のツボ

- 物理的脅威とは，物理的に壊れる，故障する脅威
- 技術的脅威とは，コンピュータ絡みの脅威
- 人的脅威とは，人にまつわる脅威，人が関わる脅威

こんな問題が出る！

不正が発生する際には“不正のトライアングル”の3要素全てが存在すると考えられている。“不正のトライアングル”の構成要素の説明として，適切なものはどれか。

ア　“機会”とは，情報システムなどの技術や物理的な環境，組織のルールなど，内部者による不正行為の実行を可能又は容易にする環境の存在である。

イ　“情報と伝達”とは，必要な情報が識別，把握及び処理され，組織内外及び関係者相互に正しく伝えられるようにすることである。

ウ　“正当化”とは，ノルマによるプレッシャなどのことである。

エ　“動機”とは，良心のかしゃくを乗り越える都合の良い解釈や他人への責任転嫁など，内部者が不正行為を自ら納得させるための自分勝手な理由付けである。

解説　**不正のトライアングル**は，不正が起こるメカニズムを説明する理論です。**機会**（不正できそうだ）と**動機**（不正すればノルマ達成だ）と**正当化**（みんなも不正をしているらしい）がすべて揃うと，タガが外れて不正をしてしまうのです。アが正答です。

解答：ア

04 攻撃者

出題ナビ

情報システムへの攻撃にはお金や手間，時間のコストがかかります。それでも攻撃をするには動機が必要ですが，多くを占めるのは金銭です。攻撃者に赤字だと思わせることで，攻撃の動機を奪うのが基本です。いくつかの攻撃者の類型を知って，本試験に備えましょう。

攻撃者の目的

攻撃にもいろいろな種類があるので一概にはいえませんが，愉快犯や技術力の誇示から金銭目的へ，が大きな傾向です。攻撃の根底にはお金儲けへの欲があると考えれば，対処の方法も単なる丸暗記を超えて，さまざまな問題に応用が効くようになります。

● ハクティビズム

政治的な主張を，ハッキングを通じて実現しようとすること。

● サイバーテロリズム

単なる犯罪の域を超えて，テロやゲリラをサイバー空間で行うこと。米国ではサイバー攻撃に対して軍が報復することもあり得る。

攻撃者の種類

● ブラックハッカー

高度な情報技術を駆使して，何らかの犯罪を行う人のことです。不正アクセス，DoS攻撃，ウイルスの作成，標的型攻撃などあらゆる手段を使います。

● スクリプトキディ

ブラックハッカーなどが作ったツールやプログラム（スクリプト），マニュアルを用いて，攻撃行為を行う人です。技術力はありませんが数が多いので大きな脅威になり得ます。キディは「お子ちゃま」の意味で，技術に未熟な様子を表しています。

● 内部犯

社内事情に精通しているため，情報技術に熟達していても未熟でも，大きな脅威になります。最小権限の原則や社員教育により，内部犯を出さない環境を作ります。

● ボットハーダー

マルウェアが感染して攻撃者の言いなりになるコンピュータを**ボット**，多数のボットによって構成されるネットワークを**ボットネット**と呼びます。**ボットハーダー**はボットネットを使役する人のことです。他人のPCを踏み台にすることで，大規模な攻撃を，足がつきにくい形で行えます。

合格のツボ

- **攻撃者の動機は，金銭目的が主流に**
- **対策しにくいのは内部犯！ 雇用の流動化が拍車をかける**

こんな問題が出る！

システム管理者による内部不正を防止する対策として，適切なものはどれか。

ア　システム管理者が複数の場合にも，一つの管理者IDでログインして作業を行わせる。
イ　システム管理者には，特権が付与された管理者IDでログインして，特権を必要としない作業を含む全ての作業を行わせる。
ウ　システム管理者の作業を本人以外の者に監視させる。
エ　システム管理者の操作ログには，本人にだけアクセス権を与える。

解説　システム管理者は，ある意味で情報システムの神にも等しい存在です。権限が集中すると不正を行える機会も多くなるため，監視が必要になってきます。そのためのしくみが権限を集中させない最小権限の原則や，相互監視，第三者による監視です。

解答：ウ

05 脆弱性の種類

出題ナビ

脆弱性はリスク３要素のうちの１つですが，現実的に除去可能なのは脆弱性だけなので，試験でも実務でも脆弱性の把握がとても重要です。脆弱性の典型的なパターンを知っておきましょう。脆弱性の手当の仕方も頻出項目です。ソフトウェアの脆弱性に対してはセキュリティパッチを適用します。

脆弱性の種類

脆弱性は脅威につけ込まれる弱点です。脅威に応じて脆弱性が変わってくるのがポイントです。脆弱性は脅威とセットで出てきますから，種類についても物理的，技術的（論理的），人的の3つに分類できます。通常，「××がない」という形で表せます。

対比で覚える！

- 鍵をかけていない → 泥棒
- 消火器がない → 火事
- セキュリティ対策ソフトがない → コンピュータウイルス

● 物理的脆弱性

物理的な脅威に対応する脆弱性です。物理的脅威とセットで捉えておくと，得点力に直結します。覚えるだけでなく，考えて導けるようになると，どんな問題も怖くありません。

▼物理的脆弱性と脅威

物理的脆弱性	物理的脅威
消火器（がない），免震建屋（でない），サージプロテクタ（がない）	火災，地震，雷サージ
警備員（がいない），監視カメラ（がない）	泥棒，侵入者
予防保守（をしていない），保険（に入っていない）	故障，破損

● 技術的脆弱性（論理的脆弱性）

論理的な脅威に対応する脆弱性です。本試験でよく問われるので，代表的な脆弱性は暗記しておくと得点効率がよくなります。

▼技術的脆弱性と脅威

技術的脆弱性	脅威
セキュリティホールがある	それを突いたマルウェアの登場
アクセスコントロールの不備	不正アクセスの試行
ウイルス対策の不備	マルウェアの感染

いろいろあるけど，実際に攻撃を受けてみないとわからないんじゃないですか？

おっしゃるとおりですね。擬似的に攻撃をしかけてみるペネトレーションテストという検査方法があります。

● 人的脆弱性

人的な脅威に対する脆弱性です。人はミスや裏切りをするものなので，根本的な対策はとても難しいです。ミスや不正をしにくい環境を整えるのが常套手段です。

▼人的脆弱性と対策

人的脆弱性	対策
操作ミス	フールプルーフ
内部犯	最小権限の原則，相互監視の原則

合格のツボ

最小権限の原則
- 権限や特権を与えられると，不正を行える機会が増える
- 仕事を遂行するのに必要な，最低限の権限を付与する

私は家庭の中で，最低限必要な権限すら与えられていません…。

サイバー攻撃手法

06 不正アクセス

出題ナビ

情報セキュリティマネジメントの試験では，本格的な不正アクセスの手順などは問われません。担当者レベルで目にすることの多い，不正アクセスの準備活動や，不正アクセスの概要について理解しておけば得点が可能です。不正アクセスへの初動として「管理者への報告を行う」ことが問われます。

ポートは不正アクセスの入口

● ポート

コンピュータは1台の中でたくさんのソフトウェアを動かしています。通信をするとき，どのソフトウェアの通信かで混乱しないために，ポートと呼ばれる郵便受けのようなものをたくさん作って，このポートはこのソフトといった具合に割当てを行います。ポートには**ポート番号**（0～65535）がつけられて，各ポートを見分けられるようになっています。

● ポートスキャン

各々のポートは閉じておく（通信を受け付けない），開けておく（通信を受け付ける）のように管理することができます。現在はセキュリティ確保のために使っていないポートは閉じておくことが多くなりました。閉じているポートにはアクセスできず，攻撃者も攻撃することができないからです。

とはいうものの，ソフトウェアが使うためにはポートを開かなければなりません。そこで，攻撃者は開いているポートを探します。0番から始めて65535番まで，通信を送り接続可能なポートを探すのが**ポートスキャン**です。

バッファオーバフロー

コンピュータが動くときは，さまざまなデータを記憶します。記憶できる容量には限りがあるので，「だいたいこのくらいのデータが入ってくる」と見込んで，サイズをあらかじめ決めてあります。

サイズの見込みを間違えたり，悪意のある人が巨大なデータを入力するなどしてもともと用意してあった部分から溢れてしまうのが，**バッファオーバフロー**です。他の部分のデータを上書きしてしまい，エラーや予期しない誤作動，場合によってはPCを乗っ取られるなどの被害が生じます。

合格のツボ

- ポートはPC「内」のソフトウェア番号
- 不正アクセスの入口を探してポートスキャンが行われる
- 利用者がデータを入力する部分が危険
- 利用者が入力したデータのサイズや不正文字の混入は，必ずチェックして，問題がある場合は除去する

こんな問題が出る！

攻撃者がシステムに侵入するときにポートスキャンを行う目的はどれか。

ア　事前調査の段階で，攻撃できそうなサービスがあるかどうかを調査する。
イ　権限取得の段階で，権限を奪取できそうなアカウントがあるかどうかを調査する。
ウ　不正実行の段階で，攻撃者にとって有益な利用者情報があるかどうかを調査する。
エ　後処理の段階で，システムログに攻撃の痕跡が残っていないかどうかを調査する。

解説　本試験でポートスキャンが出題されるときのポイントとして，攻撃の「準備活動」，「事前調査」である点を理解しておくことは重要です。ポートスキャンの後に本格的な攻撃が行われることがあり，不正アクセスの早期発見の手がかりとしても重要です。アが正答です。

解答：ア

パスワード取得

出題ナビ

現実によく行われる攻撃なので，くり返し出題される定番問題です。具体的な手口と対策方法を知っていれば，どんな問われ方をしても大丈夫です。パスワードは現実によく利用するので，啓蒙的な出題も見られます。逆ブルートフォース攻撃が流行した際は他区分の試験も含め連続で問われました。

ブルートフォース攻撃

力任せの意味で，ここでいう力任せとは「全部試してしまう」の意味です。**ブルートフォース攻撃**は，あり得るパスワードを全部試す方法で，実行できれば必ずログインできてしまうので，攻撃者にとっては有力な手段です。パスワードは長く文字種が多いほど複雑になり，全部試すのに時間がかかります。

数字4桁のパスワード	10,000通り
英数字4桁のパスワード	14,776,336通り

何度か間違えたらアカウントをロックして使えなくしてしまうことで，ブルートフォース攻撃を防ぐことができます。

● 逆ブルートフォース攻撃

みんなが使いそうなパスワードは123456やpasswordなど，だいたい決まっています。そこで，tanakaさんに123456，suzukiさんにも123456と，ユーザIDのほうを変更していけば，ブルートフォース攻撃対策の回数制限に引っかからずハッキングできるかもしれません。これが逆ブルートフォース攻撃です。

辞書攻撃

ブルートフォース攻撃は攻撃者にとって確実な方法ですが，時間がかかります。辞書攻撃はパスワード破りの時間を短縮する工夫です。多くの人が辞書に載っているような単語をパスワードにするので，手当たり次第ではなく，辞書の単語を試していきます。通常の辞書はもちろん，人名辞書，攻撃者お手製のパスワードあるある辞書なども使われます。

パスワードリスト攻撃

あるシステムから流出したIDとパスワードの情報（**パスワードリスト**）を，別のシステムでも試すことです。同じパスワードを使い回していると，連鎖的に不正侵入を許してしまいます。

合格のツボ

- **ブルートフォース攻撃……パスワードを全て試す**
- **辞書攻撃……パスワードになりそうな語を試す**
- **パスワードリスト攻撃……他のシステムのパスワードを試す**

こんな問題が出る！

サーバへのログイン時に用いるパスワードを不正に取得しようとする攻撃とその対策の組合せのうち，適切なものはどれか。

	辞書攻撃	スニッフィング	ブルートフォース攻撃
ア	推測されにくいパスワードを設定する。	パスワードを暗号化して送信する。	ログインの試行回数に制限を設ける。
イ	推測されにくいパスワードを設定する。	ログインの試行回数に制限を設ける。	パスワードを暗号化して送信する。
ウ	パスワードを暗号化して送信する。	ログインの試行回数に制限を設ける。	推測されにくいパスワードを設定する。
エ	ログインの試行回数に制限を設ける。	推測されにくいパスワードを設定する。	パスワードを暗号化して送信する。

解説　辞書攻撃は安易なパスワード，スニッフィングは盗聴，ブルートフォース攻撃は大量試行が原因なので，それぞれ推測されにくいパスワード，パスワードの暗号化，ログインの試行回数制限が有効な対策です。正答はアです。

解答：ア

サイバー攻撃手法

08 侵入後の行動

出題ナビ

現代の攻撃者は金銭目的で動くので，単に侵入するだけではなく，継続的に侵入することを好みます。そのためには，侵入の痕跡を消し，侵入しやすい経路を作ることが重要で，典型的な手口が出題されます。バックドアを容易に作成するツールとして，ルートキットがあります。

ログの消去

コンピュータの不正侵入は多くの人が考えているよりも，ずっと容易です。パスワードをメモしたり喋ったりする人は多く，必要なセキュリティパッチを適用していないシステムもたくさんあります。

ヘッヘッ，宝の山！

その通りです。でも，簡単でもみんなが不正をするわけではありません。

それはなぜですか？

バッチリ記録が残るからです。いくら不正が簡単でも，すぐにバレるのなら，それが抑止力になります。

したがって，コンピュータに不正侵入した攻撃者が最初に行うのは，システムの使用記録であるログの消去です。これにより，自分の不正の証拠を消すことができ，見つからずに何度も侵入できるわけです。

バックドアの作成

攻撃者は一度侵入したシステムに対して，**バックドア**（**裏口**）と呼ばれる仕掛けを施します。高度な技術を持つ攻撃者でも，不正侵入は手間がかかるので，二度目以降はラクに侵入できるようにするのです。

関連ワードを覚える！

その他の「足がつかない」技術

・Tor（トーア）

玉ねぎのマークで有名な通信の匿名化技術。例えば，暗号化をしても送信元や送信先はわかるが，Torを使うと送信元IPアドレスを隠蔽することができる。

・Bitcoin（ビットコイン）

分散管理型の仮想通貨で，特定の国や金融機関に依存しないため，通貨を使う人の匿名性が高い。

TorもBitcoinもまっとうな技術。悪用されることもあるだけで，犯罪のための技術ではない。

科目Bはこう出る！

T社は従業員数200名の建築資材商社であり，本社と二つの営業所の3拠点がある。このうち，Q営業所には，業務用PC（以下，PCという）30台と，NAS1台がある。

…中略…

Q営業所の情報セキュリティ責任者はK所長，情報セキュリティリーダは，総務課のA課長である。

〔マルウェア感染〕

ある土曜日の午前10時過ぎ，自宅にいたA課長は，営業課のBさんからの電話を受けた。休日出勤していたBさんによると，BさんのPC（以下，B-PCという）を起動して電子メール（以下，メールという）を確認するうちに，取引先からの出荷通知メールだと思ったメールの添付ファイルをクリックしたという。ところが，その後，画面に見慣れないメッセージが表示され，B-PCの中のファイルや，Bさんの個人フォルダ内のファイルの拡張子が変更されてしまい，普段利用しているソフトウェアで開くことができなくなったという。これらのファイルには，Bさんが手掛けている重要プロジェクトに関する，顧客から送付された図面，関連社内資料，建築現場を撮影した静止画データなどが含まれていた。そこで，Bさんは図1に示すT社の情報セキュリティポリシ（以下，ポリシという）に従ってA課長に連絡したとのことであった。

A課長は，B-PCにそれ以上触らずそのままにしておくようBさんに伝え，取り急ぎ出社することにした。

図1省略

A課長がQ営業所に到着してB-PCを確認したところ，画面にはファイルを復元するための金銭を要求するメッセージと，支払の手順が表示されていた。A課長は，B-PCがマルウェアに感染したと判断し，K所長に連絡して，状況を報告した。この報告を受けたK所長は，インシデントの発生を宣言した。また，Bさんは，A課長の指示に従ってB-PCとNASからLANケーブルを抜いた。

さらに，A課長がBさんに，他に連絡した先があるかを尋ねたところ，A課長以外にはまだ連絡していないとのことであった。そこで，A課長はインシデント対応責任者である情報システム課長に連絡したところ，情報システム課で情報セキュリティを主に担当しているS係長に対応させると言われた。そこで，A課長はS係長に連絡し，現在の状況を説明した。

- B-PC 上のファイルと，B-PC から個人フォルダに複製したファイルがマルウェアによって暗号化されており，開くことができない状態になっていた。一方，B さんは，顧客から送付されたデータを営業課の共有フォルダに複製していたが，そのデータに異常は見られなかった。
- B-PC に表示されたメッセージによると，B さんのファイルは AES と RSA の二つの暗号アルゴリズムを用いて暗号化されており，これが事実だとすると，復号することは極めて困難である。
- [a] によっては，暗号化されたデータを復号できるツールがウイルス対策ソフトベンダなどから提供されている場合もあるが，今回のマルウェアに対応しているツールはない。また，[a] によっては OS の機能を用いると暗号化される前のデータが OS の復元領域から復元できる場合もあるが，今回のマルウェアは，OS の復元領域を削除していた。
- 今回のマルウェアは，金銭の受渡しに際して，<u>②攻撃者の身元を特定できなくするための技術</u>を利用している。
- B-PC 以外の Q 営業所の PC は全てシャットダウンされていた。

図2　調査結果

S係長によると，状況から見て [a] と呼ばれる種類のマルウェアに感染した可能性が高く，<u>①この種類のマルウェアがもつ二つの特徴が現れている</u>とのことであった。A課長はS係長に，今後の対応への協力と当該マルウェアに関する情報収集を依頼し，S係長は了承した。その後，A課長が状況の調査を更に進めていたところ，昼過ぎにK所長がQ営業所に到着したので，A課長はその時点までの調査結果をK所長に説明した。調査結果を図2に示す。

…中略…

設問　図2中の下線②について，当てはまる技術だけを挙げた組合せを，解答群の中から選べ。

解答群

ア　Bitcoin，SSL-VPN，Tor
イ　Bitcoin，Tor
ウ　Bitcoin，ゼロデイ攻撃
エ　Bitcoin，ポストペイ式電子マネー
オ　SSL-VPN，Tor
カ　SSL-VPN，ゼロデイ攻撃
キ　SSL-VPN，バックドア，ポストペイ式電子マネー
ク　Tor，バックドア，ポストペイ式電子マネー
ケ　ゼロデイ攻撃，バックドア
コ　ゼロデイ攻撃，バックドア，ポストペイ式電子マネー

解説　下線②は，「攻撃者の身元を特定できなくするための技術」。選択肢から，該当するものを選びましょう。

・身元の特定をかわす　→　Bitcoin，Tor
・暗号化と認証を行う　→　SSL-VPN
・セキュリティ対策ソフトをかわす　→　ゼロデイ攻撃
・不正侵入の裏口を作る　→　バックドア

ポストペイ式電子マネーはQUICPayなどの後払い式仮想通貨のことで，先払い式のSuicaなどとは区別されます。仮想通貨という意味ではBitcoinに似ている面がありますが，匿名性はありません。

解答：イ

09 マルウェア

出題ナビ

マルウェアの種類と，各々のマルウェアの基本的な動作・特徴についてが出題ポイントです。直接問われることは少ないですが，現在進行形で流行している新種マルウェアの挙動を知っていると科目Bのシナリオが頭に入りやすかったりします。

マルウェアとは

マリシャス（悪い）＋ウェア（ソフトウェア）から作られた言葉で，悪意のあるソフトウェアと訳されます。悪さをするソフト全般のことだと考えてください。それぞれの特徴ごとに，ウイルス，ワーム，トロイの木馬などと細分化されます。

現在のマルウェアは複数の機能や特徴を持っていますが，代表的な分類は試験対策としても実務でも覚えておくと役に立ちます。

マルウェアを構造で分類する

● コンピュータウイルス

他のソフトウェアに寄生することで，悪意のある行為を行うマルウェアです。「寄生」がポイントで，例えばワープロAに寄生するタイプであれば，そのワープロAがインストールされていないPCには感染しません。

● マクロウイルス

オフィスソフトなどのマクロ機能を悪用したウイルスです。普及したオフィスソフトは複数のOSで提供されることもあり，潜在的な感染数を大きくできます。オフィスソフトのデータファイルの形で流通するので，間違って開く可能性も高くなります。

● ワーム

ウイルスと違い，単独で活動して悪意のある行為を行うことができるマルウェアです。

● トロイの木馬

二重構造になっているマルウェアです。有用なソフトだと思って使うと，確かに思い通りに動くのですが，気付かないところで悪意のある動作をします。実際に有用なソフトとしても動作しているので，広く普及してまったり，発見が遅れるなどの特徴があります。

コンピュータウイルスの3要素

何をコンピュータウイルスと呼ぶかは，コンピュータウイルス対策基準で決まっています。次の機能のどれかを持つものです。

自己伝染機能	他のPCに自らのコピーを送り込む
潜伏機能	しばらくおとなしくして感染を拡げる
発病機能	悪意のある動作をする

3つなら簡単，さっそく覚えました！

実務ではあまり出てこないですが試験対策と割り切りましょう。

潜伏機能ってまだるっこしいですね。さっさと発病すればいいのに。

インフルエンザでも同じですが，すぐに発病して寝込むとあまり感染しませんし，感染経路も特定されてウイルスにとって都合が悪いです。

合格のツボ

ウイルスの感染経路は，年によって変動があるものの，定番は次の3つ

① メールへの添付ファイル。不動の定番。全感染数の8割を超えることも

② 利用者がネットからダウンロード。たまに爆発的な流行

③ ネットから自動ダウンロード。OSの大きな脆弱性などが現れると流行る

マルウェアを目的で分類する

● スパイウェア

名前の通り，スパイをするマルウェアです。PCやスマホは優秀な盗聴器です。カメラもマイクもついていて，攻撃者がなにもしなくても，利用者自身が巨大な個人情報を溜め込み，充電や通信の確保までしてくれます。ここにスパイ用のソフトを組み込めば，宝の山のような情報を吸い取ることができます。

● ボット

ボットはネット上で使われるアプリで，擬似的な会話をするチャットボットなどはよく見かけます。本試験に出る場合は，「PCに感染させそのPCを意のままに操るソフト」の意味で登場します。

膨大な数のボットを連携させて作るのが**ボットネット**で，これを管理する攻撃者は**ボットハーダー**，**ボットマスター**などと呼ばれます。ボットネットを使うと，大規模な不正行為（大量のスパムメール送信，DDoS攻撃など）を行うことができます。

大量のボット！ ボクも操ってみたいかも。

いけません！ それに何百万台もあると管理するだけで大変ですよ。

攻撃者はどうやって管理するんです？

重要

C&Cサーバを使いますね。本試験にも出ますよ。

● ランサムウェア

ランサムウェア（→第1章18参照）は身代金を要求するタイプのマルウェアです。「Wanna Cryptor」などは世界的に感染が拡大し，一般にも知られる存在になりました。システムやデータが使えなくなるので感染時の被害は甚大です。特別な対策が必要なわけではなく，OSやアプリケーションの更新，セキュリティ対策ソフトのシグネチャの更新，セキュリティパッチの適用などで予防するのが効果的です。

ランサムウェアに類似してお金を要求してくるものに，偽セキュリティソフトも流行しています。実際にセキュリティ機能が働くものもありますが，ありもしないセキュリティ上の問題を指摘して購入を迫るなど，悪質性が目立ちます。

● ルートキット

ルートキットとは，攻撃者が使う総合ツールです。ログから攻撃の痕跡を消し，バックドアを設置し，盗聴の機能なども提供します。

合格のツボ

- 現在の主流は感染に気付かせないタイプ
- PCに感染させボットネットを作り，犯罪に利用する
- 何にしろ，とにかく犯罪者の要求を飲んではいけない

こんな問題が出る！

ボットネットにおけるC&Cサーバの役割はどれか。

ア　Webサイトのコンテンツをキャッシュし，本来のサーバに代わってコンテンツを利用者に配信することによって，ネットワークやサーバの負荷を軽減する。

イ　遠隔地からインターネットを経由して社内ネットワークにアクセスする際に，CHAPなどのプロトコルを用いることによって，利用者認証時のパスワードの盗聴を防止する。

ウ　遠隔地からインターネットを経由して社内ネットワークにアクセスする際に，チャレンジレスポンス方式を採用したワンタイムパスワードを用いることによって，利用者認証時のパスワードの盗聴を防止する。

エ　侵入して乗っ取ったコンピュータに対して，他のコンピュータへの攻撃などの不正な操作をするよう，外部から命令を出したり応答を受け取ったりする。

解説　ボットネットはボットハーダーの言いなりになるコンピュータ群です。ハーダーとボットとのやり取りを受け持つのが**C&C（コマンド&コントロール）サーバ**です。正答はエです。

解答：エ

サイバー攻撃手法

10 盗聴

出題ナビ

ネットワーク上で送受信されるパケットを，なぜ盗聴することができるのか，どう対策すればいいのかが定番の出題です。無線LANについての出題も多くなっています。WEPやWPA2の脆弱性が報道されると出題のネタになることが多いので，セキュリティのニュースには要注意です。

スニファ

盗聴といえば，まずこれです。**スニファ**はネットワーク上で送受信されるデータ（パケット）を取得してその中身を読み取る行為です。インターネットのような共有ネットワークでは，自分に関係のあるパケットもないパケットも同じケーブルを流れていきますから，**プロトコルアナライザ**のような機器を使って簡単に取得，解析できます。

スニファを防止するには，おかしな機器やソフトウェアが自社のネットワークに紛れ込んでいないかに注目します。**入退室管理**や**資産管理台帳**の作成が役に立ちます。

電波傍受

スニファの一種ですが，本試験で「スニファ」と出てくるとおおむね有線LANを想定しているのに対して，無線通信を傍受しようとするところが異なります。無線通信はとても傍受しやすい特徴があります。わざわざケーブルを分岐したりしなくても，向こうから勝手に電波が届くのですから，攻撃者には手間がかかりません。

自分あて以外の通信は，届いたとしても捨てるんじゃないですか？

LANカード（NIC）にはプロミスキャスモードと呼ばれる，すべての通信を取得する機能があります。

● テンペスト

テンペストとは，ケーブルから漏れる電磁波やディスプレイが発する電磁波から，情報を取得する技術です。通信内容やディスプレイに映っている内容を知られてしまいます。電磁波シールドを施したケーブルや部屋を使うなどして防ぎます。

テンペストはともかくとして，無線LANなどでは電波を飛ばさないことにはそもそもの目的を達成することができません。そのため，対策は暗号化が中心になります。暗号にすることで，傍受されても第三者には意味のない情報にしかうつらないようにするのです。

3ステップで覚える！

無線LAN暗号化の定番（弱い順）

1 WEP（弱すぎて危険，明確な弱点あり）
2 WPA（リリーフとして登場したつなぎ役），WPA2（現在の標準）
3 WPA3（最新の規格）

WEPが弱い暗号（解読されやすい暗号）であることは，覚えておきましょう。

キーボードロギング

キーボードロギングは，PCの利用者がキーを使ってどんな文字を打ったかを記録する行為です。パスワードや機密情報もキーを使って入力するわけですから，何もかも攻撃者に知られてしまうことになります。

マルウェアの一種ですから，一般的なウイルス対策が有効ですが，本試験では公共の場所に置かれたPCの危険性が問われます。キーボードロギングを行うキーロガーの設置や回収がしやすく，多くの人が使うため潜在的な被害者数が大きいからです。

合格のツボ

- WEPは脆弱性ありで使ってはいけない。現在の標準はWPA2
- テンペストは思い出したように，たまに出題あり
- プロミスキャスモードは，すべてのパケットを受信

サイバー攻撃手法

なりすまし

出題ナビ

誰かになりすまして，犯罪行為が発覚しないようにしたり，追求をかわしたりするのは，攻撃者がとる基本的な手口です。インターネット上におけるなりすましは，送信者情報やリンク先情報の偽装といった方法で行われます。本試験では，主に何に注目すれば偽装を見破ることができるかが問われます。

IPスプーフィング

インターネットで行われるすべての通信のよりどころであるIPアドレスを詐称する行為です。主に送信元を偽装する目的で使われ，送信元IPアドレスに偽のアドレスを挿入します。

IPスプーフィングが行われると，安全な相手からしか通信を受け取らないようにフィルタリングしているシステムでも，書き換えられた偽アドレスを見て安全な通信だと騙されてしまうことがあります。

素朴な疑問ですが，アドレスを偽物に書き換えるの，難しくないですか？

はがきの差出人に嘘を書いてもちゃんと届きますよね？ 嘘の情報を書く事自体は誰でもできますよ。

偽物を見破ることはできますか？

嘘をついているので，つじつまがあわなくなることがあります。前後の通信との関連や，このアドレスなのにこの経路で運ばれてくるのはおかしいといったことから推測します。

踏み台攻撃

踏み台攻撃とは，他の人のコンピュータを中継して（踏み台にする，と表現します），不正アクセスやスパムメール送信などの不正行為を行うことです。踏み台にされた第三者が攻撃しているように見え，真犯人の追跡を困難にします。最新のセキュリティパッチを常に適用するなどして，踏み台にされにくいシステムにすることが重要です。

セッションハイジャック

名前の通り，他人の通信（セッション）を乗っ取る攻撃方法です。例えば，利用者とECサイトとのセッションを乗っ取って，ECサイトのふりをすれば，利用者はすっかりECサイトと通信していると思い込んでいますから，クレジットカードの番号や自宅の住所などを思いのままに取得することができます。

セッションハイジャックって怖いですね，バスジャックみたいに悪者が乗り込んでくる感じですか？

バスジャックって古いですね……。どんな利用者もそうそう通信を乗っ取らせてはくれませんよ。ARPスプーフィングやフィッシングなどの技術を使って，乗っ取りをします。この方法自体が出題対象になります。

ARPスプーフィング

ARPとは，あるマシンのIPアドレスから，そのマシンのMACアドレスを知るためのしくみです。通信のために，どちらのアドレスも必要なため，どのIPネットワークにも用意されています。

MACアドレスを知りたがっているマシンがARPリクエストパケットをブロードキャストすると，該当するマシンやアドレスを知っているブリッジが返答することでMACアドレスを教えます。

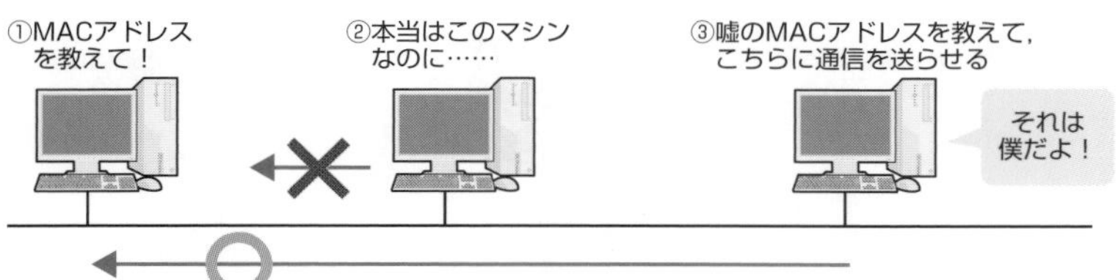
①MACアドレスを教えて！
②本当はこのマシンなのに……
③嘘のMACアドレスを教えて，こちらに通信を送らせる
それは僕だよ！

ARPスプーフィングでは，全然関係ない悪意の第三者が，この返答

を勝手に返してしまうのです。もちろん，返答の中身は嘘のMACアドレスで，嘘を教えられた①のPCは自分が通信すべき相手を取り違えて，本当は②に送るべき情報を③に送ってしまいます。

フィッシング

フィッシングとは，掲示板やメールなどで偽のサイトに誘導することです。信頼できる企業からの広告を偽装して，実はリンクをクリックすると悪意のあるサイトにジャンプするなどの方法があります。悪意のあるサイトで個人情報などを入力すると，それが攻撃者の手に落ちてしまいます。

- リンク先が正規とちょっとだけ変わっている，などはよくある手口。gihyo.jp（真）がgihy0.jp（偽）になっているなど。なかなか気付かない。
- 偽アドレスをごまかすために，短縮URLなどもよく使われる。
- 送信者の真正性を確認するのには，信頼できる機関が発行したデジタル署名が有効。しかし十分に普及しているとはいいがたい。

中間者攻撃

Man in the Middle（MITM）攻撃ともいいます。セッションハイジャックのうち，クライアントに対してはサーバを，サーバに対してはクライアントを装うことで，両者に対して全ての通信を盗聴する攻撃方法です。

合格のツボ

- セッション情報を盗聴されたらハイジャック一歩手前
- 踏み台攻撃は，踏まれた人が攻撃しているように見える
- 英語の頭文字をとって，MITMとさらっといわれることも

こんな問題が出る！

なりすましメールでなく，EC（電子商取引）サイトから届いたものであることを確認できる電子メールはどれか。

ア　送信元メールアドレスがECサイトで利用されているアドレスである。
イ　送信元メールアドレスのドメインがECサイトのものである。
ウ　デジタル署名の署名者のメールアドレスのドメインがECサイトのものであり，署名者のデジタル証明書の発行元が信頼できる組織のものである。
エ　電子メール本文の末尾にテキスト形式で書かれた送信元の連絡先に関する署名のうち，送信元の組織を表す組織名がECサイトのものである。

解説

ア・イ　送信元メールアドレスは偽装されている可能性があるので，たとえ正規のアドレスから送られているものでも，確実に安全とはいえません。
ウ　正答です。デジタル証明書は，本人確認の有効な手段です。ただし，その証明書を発行した機関が信頼できることが前提です。
エ　電子メールの本文は，いくらでも偽の情報を記載することができます。

解答：ウ

12 サイバー攻撃手法

サービス妨害

出題ナビ

現実の社会でもDoS攻撃はたくさん行われているため，本試験での出題も定番化しています。一般的なサービス要求の形で行われるため，単に「混んでいる」状態との切り分けが難しいのが特徴です。DoSとDDoSはよく似ていますが，違いを自分の言葉で説明できるようにしておきましょう。

DoS攻撃

DoS攻撃とは，Denial of Service attackのことで，サービス妨害攻撃，サービス停止攻撃などと訳されます。基本的な手口は，大量のサービス要求を送りつけることで相手を飽和状態にし，サービスを止めてしまうことです。

個人情報を盗み出せるわけではありませんが，サービスのリクエストを送るだけですから実行難易度は低いといえます。個人に対しても，大量のメールを送信してメールボックスをいっぱいにして，仕事をしにくくする「メール爆弾」のような攻撃が行われたことがあります。

ひどい攻撃！ 取り締まれないんですか？

1つ1つの通信は不正ではなく，単にホームページの閲覧要求だったりします。新製品の発売日にアクセスが集中するようなことはふつうに起こりますよね。なかなか切り分けが難しいのです。

すると処置なし？

同一IPアドレスからのアクセスかなど，見分ける方法は存在します。

DDoS攻撃

DDoS攻撃は，大規模分散型のDoS攻撃で，大量のPCからDoS攻撃が行われます。大量のPCを用意するためにボットネットなどが活用されるので，関連付けて覚えておきましょう。異なるマシンからの攻撃なので，「このIPアドレスからの通信を拒否しよう」といった対策が取りにくいのが特徴です。

ランダムサブドメイン攻撃

あるドメインにランダムなサブドメインを付けて（gihyo.co.jpに対してhogehoge.gihyo.co.jpなどとする），問い合わせをする攻撃方法です。ランダムなので，DNSサーバのキャッシュには名前解決情報が存在しません。そのため，コンテンツサーバへの問い合わせが大量に発生するわけです。誰の問い合わせにも答えようとしてしまう，オープンリゾルバを踏み台にします。

TCP SYN Flood

××Flood攻撃というのはたくさんあって，大量に××を送りつけて送られた側をいっぱいいっぱいにし，サービス停止に追い込みます。

TCP SYN Floodはその中でも代表的な攻撃方法です。TCPの3ウェイハンドシェイクを悪用します。SYNパケット（通信開始要求）を送ると，送られた方は通信用にCPUやメモリを用意しますが，そのまま放置して用意したこれらの資源を無駄にします。SYNパケットだけを送り続けると，CPUやメモリが食い尽くされて，サービス停止に追い込まれるという寸法です。

サービス妨害への対策

- 不要なポートは閉じてDoS攻撃への隙（脆弱性）をなくす
- IDSやIPSを設置する
- CPUやメモリは，確保しても一定時間使われなければ解放する

Ping Flood

Ping Floodは，IP通信の疎通確認（接続できているかの確認）に利用される**ping**コマンドを悪用した攻撃方法です。pingはICMPプロトコルを利用した疎通確認用の簡単なコマンドですが，大量に送りつけると相手のサービスを妨害できます。最近ではpingへの返答を拒否するマシンも多いです。

合格のツボ

- サービス妨害は不正な要求でサーバの資源を枯渇させる
- DoS攻撃は一般的なサービス要求と見分けにくい
- Ping FloodはICMPに応答しないことで対応

こんな問題が出る！

DoS（Denial of Service）攻撃の説明として，適切なものはどれか。

ア　他人になりすまして，ネットワーク上のサービスを不正に利用すること

イ　通信経路上で他人のデータを盗み見ること

ウ　電子メールやWebリクエストなどを大量に送り付けて，ネットワーク上のサービスを提供不能にすること

エ　文字の組合せを順に試すことによって，パスワードを解読しようとすること

解説　DoS攻撃のポイントは相手の処理能力を飽和させることです。1つ1つはメールやWebなどの無害な通信でも大量に行うと，捌ききれなくなってダウンします。「メールを止める」という対策はとりにくいため，守る側にとっては悩ましい攻撃方法です。

解答：ウ

サイバー攻撃手法

13 クロスサイトスクリプティング

出題ナビ

他の攻撃方法と並べて，「どれがXSSですか？」のように問われるのが定番です。攻撃者が用いる基本的な攻撃方法を覚えるのは実務でも役に立つため，くり返し出題されています。細かい駆動原理を覚える必要はありませんが，他の攻撃手法と並べられたときに区別できるよう準備してください。

クロスサイトスクリプティング（XSS）

攻撃者が本当にやりたいことは，悪意のあるスクリプトをブラウザで閲覧させ，標的PCで動作させることです。しかし，攻撃者のサイトは信頼されていないので，そう簡単には標的PCで動作させられません。

そのため，信頼されていて，かつ脆弱性のあるサーバに不正なスクリプトを送り，そこを経由して標的PCに閲覧させることで，スクリプトを実行します。これが**クロスサイトスクリプティング**です。

流れで覚える！

クロスサイトスクリプティングが実行される手順

① 不正なホームページを利用者が見る

② そのホームページのリンクから，不正スクリプトが「信頼されたサーバ」に転送される

③ 「信頼されたサーバ」に脆弱性があると，そのホームページに不正スクリプトが埋め込まれる

④ 信頼されたサーバのホームページなので，不正スクリプトを実行してしまう

クロスサイトリクエストフォージェリ（CSRF）

標的のブラウザに対して不正な情報を送り，ログイン状態を乗っ取ります。そのアカウントで掲示板に誹謗中傷を書き込んだり，銀行口座に送金コマンドを送ったりする攻撃方法です。ブラウザやサーバ側の

Webアプリケーションの脆弱性を利用して攻撃を行います。

● クロスサイトリクエストフォージェリへの対策

・OSやブラウザを最新版に更新して，脆弱性をなくす
・ログインが必要なサービスは，利用が終了したらログアウトする

こんな問題が出る！

クロスサイトスクリプティングに該当するものはどれか。

ア　Webアプリケーションのデータ操作言語の呼出し方に不備がある場合に，攻撃者が悪意をもって構成した文字列を入力することによって，データベースのデータの不正な取得，改ざん及び削除を可能とする。
イ　Webサイトに対して，他のサイトを介して大量のパケットを送り付け，そのネットワークトラフィックを異常に高めてサービスを提供不能にする。
ウ　確保されているメモリ空間の下限又は上限を超えてデータの書込みと読出しを行うことによって，プログラムを異常終了させたりデータエリアに挿入された不正なコードを実行させたりする。
エ　攻撃者が罠を仕掛けたWebページを利用者が閲覧し，当該ページ内のリンクをクリックしたときに，不正スクリプトを含む文字列が脆弱なWebサーバに送り込まれ，レスポンスに埋め込まれた不正スクリプトの実行によって，情報漏えいをもたらす。

解説
ア　SQLインジェクションについての説明です。
イ　DoS攻撃についての説明です。
ウ　バッファオーバフローについての説明です。
エ　正答です。ポイントは「信頼されているサーバに，不正な情報を送り実行させる」ことです。

解答：エ

サイバー攻撃手法

14 DNSキャッシュポイズニング

出題ナビ

標的が使っているPCの通信を，不正なサーバへと誘導する手段の定番です。誤答の選択肢としてもよく出てくるので，どんな攻撃方法なのか概要については知っておくべきです。「名は体を表す」系の名称ですので，キャッシュが汚染される→どんな方法で汚染される？と考えをつないでください。

DNSキャッシュポイズニング

DNSはインターネットを利用する上で必須の技術です。数字の羅列のIPアドレスを，使いやすいFQDN（例えばgihyo.jpなどの形）に変換できるため，URLもメールアドレスもDNSに頼っているといえます。

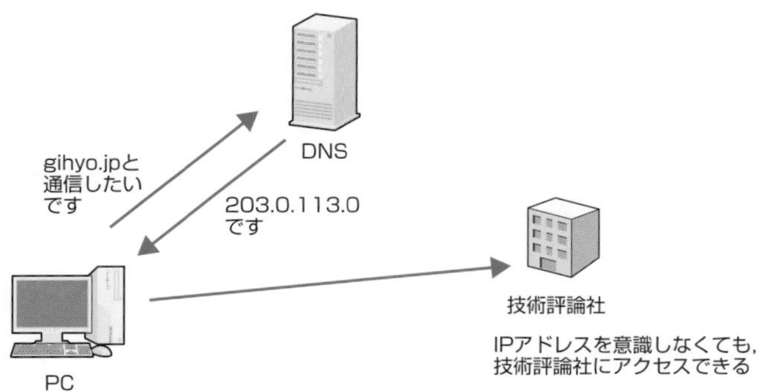
DNS
gihyo.jpと通信したいです
203.0.113.0です
PC
技術評論社
IPアドレスを意識しなくても，技術評論社にアクセスできる

DNSキャッシュポイズニングは，このDNSサーバに偽の情報を教えることでPCの通信を誘導します。DNSを介して偽のIPアドレスを教え正規のサーバと通信しているつもりで悪意のあるサーバと通信させるわけです。

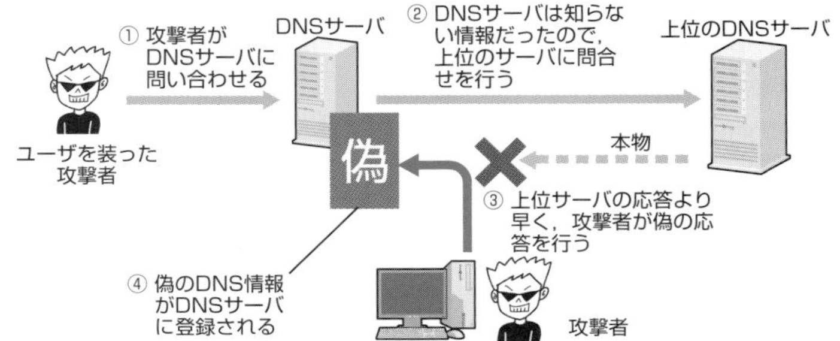
① 攻撃者が
DNSサーバに
問い合わせる
ユーザを装った
攻撃者
DNSサーバ
偽
② DNSサーバは知らない情報だったので，上位のサーバに問合せを行う
上位のDNSサーバ
本物
③ 上位サーバの応答より早く，攻撃者が偽の応答を行う
④ 偽のDNS情報がDNSサーバに登録される
攻撃者

正確な情報を教えてくれるはずのDNSサーバが騙されているのでは，僕たち利用者はたまらないです。

おっしゃるとおりです。情報セキュリティマネジメント試験は，高度に技術的な知識を問うための試験ではないですから，「そういう攻撃の方法がある」と覚えておけばいいですよ。

攻撃を防ぐとしたら，どんな方法がありますか。

DNSサーバは応答が正規のものかどうかを，各通信につけられるID（トランザクションID）とポート番号で確認しています。この2つの情報をランダムにすることで，攻撃者に容易に悟られないようにします。

合格のツボ

- DNSキャッシュポイズニングとは，偽の情報でDNSサーバを汚染すること
- 対策は，通信のIDとポート番号をランダムにすること

サイバー攻撃手法

15 ソーシャルエンジニアリング

出題ナビ

業務の現場で最も出くわしやすい攻撃手法だけに，本試験でも必ずといっていいほど出てきます。人に焦点をあてた攻撃のやり方であるという原則をおさえておけば，どんな問われ方にも対応できます。振り込め詐欺は，社会的にも認知された典型的なソーシャルエンジニアリングです。

ソーシャルエンジニアリングとは

技術的な方法（不正アクセスやマルウェアなど）を用いない攻撃方法です。主に，人の隙や錯覚などを利用してパスワードを不正に入手して，システムにアクセスするやり方がとられます。

● ショルダーハッキング

利用者がパスワードを入力しているところを背後や肩口からのぞき込んで，記憶する方法です。身も蓋もないほど簡単な方法ですが効果は絶大です。

● スキャベンジング

ゴミ箱あさりのことです。ゴミ箱は情報の宝庫で，無造作に捨てられている書類に機密情報が書かれていることも珍しくありません。その会社の正規の書類を入手して，巧妙な偽書類を作るようなケースもあります。シュレッダーで確実に裁断するような施策が有効です。

拾ってくるのとは逆に，USBメモリを標的の会社に落としてくる攻撃手法もあります。誰かが落とし物かと思い，中身を確かめるために自分のPCに接続すると，ウイルスに感染するしかけです。

● BEC

ビジネスメール詐欺（Business E-mail Compromise）のことです。取引先など，自分にとって逆らいにくい相手からのメールに偽装して，偽の振込などをさせます。他のソーシャルエンジニアリング手法，たとえばスキャビンジングを併用して，その会社の標準文書フォーマットを入手，攻撃に用いることで，相手を信じ込ませます。

● 権威による威圧

偉い人に「客先で大事な商談中だが，どうしても社内LANへアクセスする必要がある。パスワードを教えたまえ」と言われたらなかなか断れるものではありません。業務手順を整備して，たとえ社長のリクエストであっても，手順に違反した行動はとらないようにします。

● 共連れ

ICカードをかざした人についていって，セキュリティシステムを突破する方法です。入室記録がないのに退室するなど，記録の矛盾から不正を発見する**アンチパスバック**で対策します。警備員さんも併用することで，顧客対応や事故対応を柔軟にしつつ，ITの盲点を突いた不正を防止できます。

合格のツボ

会社を1つのシステムと考えたとき，最も弱くて信用ならないパーツは人間かもしれません。その人間を狙うのがソーシャルエンジニアリングです。

こんな問題が出る！

ソーシャルエンジニアリングに該当するものはどれか。

ア　オフィスから廃棄された紙ごみを，清掃員を装って収集して，企業や組織に関する重要情報を盗み出す。

イ　キー入力を記録するソフトウェアを，不特定多数が利用するPCで動作させて，利用者IDやパスワードを窃取する。

ウ　日本人の名前や日本語の単語が登録された辞書を用意して，プログラムによってパスワードを解読する。

エ　利用者IDとパスワードの対応リストを用いて，プログラムによってWebサイトへのログインを自動的かつ連続的に試みる。

解答：ア

16 その他の攻撃手法

出題ナビ

不足しているセキュリティ人材を育成する性質の試験であるため，新しい攻撃手法も積極的に出題されます。配点は小さいですが，セキュリティ関連のニュースに目を通しておけば解答できる問題です。ゼロデイ攻撃は原理的にはなくせませんが，できるだけリスクが小さくなるよう対策します。

スパムメール

迷惑メールのことで，未承諾広告や詐欺であることがほとんどです。毎日やり取りされるメールの8～9割がスパムメールとされ，対策が進められています。日本では**オプトイン**が法律で定められています。

●**オプトイン**	最初に承諾を得ないと，広告メールは送れない
●**オプトアウト**	未承諾で広告メールを送れる。ただし，未承諾広告であることと，解約手順の明記が必要

ゼロデイ攻撃

OSやアプリの脆弱性は毎日発見されていますが，すぐに対策ができるとは限りません。修正プログラム（セキュリティパッチ）は他のアプリへの悪影響などを十分にチェックする必要があるため，1か月に1度しか公表しないといったメーカーもあります。こうした未対応・未発見の脆弱性を突く攻撃を，**ゼロデイ攻撃**といいます。

その他の攻撃

● MITB

マン・イン・ザ・ブラウザ（Man in the Browser）と読みます。ブラウザとサーバの間にマルウェアが入り込むことによって，ブラウザの通信を乗っ取るタイプの攻撃方法です。利用者は正規のサーバと通信しているつもりでいても，不正なサーバに情報を送信しているわけです。

● ディレクトリトラバーサル

ファイル名にディレクトリを表す記号（..）などを混入させ，提供側が意図していないファイルを閲覧・ダウンロードします。不正な文字列をエスケープして対策します。

● ドライブバイダウンロード

ページを閲覧しただけでファイルがダウンロード・実行される攻撃です。OSやアプリを最新の状態に保ちセキュリティパッチを適用します。

● クリックジャッキング

ページAに，透明なページBを重ねる手法です。無害なボタンのつもりが，実際には課金ボタンをクリックしている状況を作ります。

● IoT（モノのインターネット）への攻撃

IoTでは膨大な機器がインターネットに接続され，メンテナンスも行き届かないものがあるため，新たな攻撃対象として注目されています。監視カメラや複合機が実際にハッキングされたケースがあります。

こんな問題が出る！

クリックジャッキング攻撃に該当するものはどれか。

ア　Webアプリケーションの脆弱性を悪用し，Webサーバに不正なリクエストを送ってWebサーバからのレスポンスを二つに分割させることによって，利用者のWebブラウザのキャッシュを偽造する。
イ　WebサイトAのコンテンツ上に透明化した標的サイトBのコンテンツを配置し，WebサイトA上の操作に見せかけて標的サイトB上で操作させる。
ウ　Webブラウザのタブ表示機能を利用し，Webブラウザの非活性なタブの中身を，利用者が気付かないうちに偽ログインページに書き換えて，それを操作させる。
エ　利用者のWebブラウザの設定を変更することによって，利用者のWebページの閲覧履歴やパスワードなどの機密情報を盗み出す。

解答：イ

サイバー攻撃手法

標的型攻撃

出題ナビ

世間を賑わせている話題は本試験でも幅広く問われがちです。標的型攻撃の定義から，標的型攻撃に使われるメールの特徴をメールのサンプルから読み取らせる形式まで出題例があります。標的のことをよく調査した上での攻撃ですので，まるで旧知の関係のような文面になるのが特徴です。

標的型攻撃とは

不正アクセスやウイルス感染は，不特定多数の人や脆弱性を抱えている人に対して行われてきました。しかし，攻撃者の動機が金銭目的に移行すると，多くの金銭や機密情報を得ることができる標的を慎重に選ぶ事例が増えてきました。これが**標的型攻撃**です。

APT (Advanced Persistent Threat)

標的型攻撃の中でも特に，高度（A）で執拗（P）な脅威（T）です。出題では特に執拗な部分が強調され，何度も攻撃を繰り返すための手段としてバックドアなどの技術が絡んだ問題も見られます。

自分が標的にされたら怖いです。…どんな手を使うんですか？

スキャベンジングやなりすまし，フィッシング，ゼロデイ攻撃などを組み合わせてきます。対策は難しく，企業のセキュリティ対策，社員教育の総合力が問われます。

合格のツボ

標的型攻撃は
- 特定の組織・人を狙うので，脆弱性を十分に検討している
- その組織の客になったり，正規の書類を入手して信用させるなどを行うので，攻撃の成功率が高い

科目Bはこう出る！

A社は輸入食材を扱う商社である。ある日，経理課のB課長は，A社の海外子会社であるC社のDさんから不審な点がある電子メール（以下，メールという）を受信した。B課長は，A社の情報システム部に調査を依頼した。A社の情報システム部がC社の情報システム部と協力して調査した結果を図1に示す。

1　B課長へのヒアリング並びに受信したメール及び添付されていた請求書からは，次が確認された。

［項番1］Dさんが早急な対応を求めたことは今まで1回もなかったが，メール本文では送金先の口座を早急に変更するよう求めていた。

［項番2］添付されていた請求書は，A社がC社に支払う予定で進めている請求書であり，C社が3か月前から利用を開始したテンプレートを利用したものだった。

［項番3］添付されていた請求書は，振込先が，C社が所在する国ではない国にある銀行の口座だった。

［項番4］添付されていた請求書が作成されたPCのタイムゾーンは，C社のタイムゾーンとは異なっていた。

［項番5］メールの送信者（From）のメールアドレスには，C社のドメイン名とは別の類似するドメイン名が利用されていた。

［項番6］メールの返信先（Reply-To）はDさんのメールアドレスではなく，フリーメールのものであった。

［項番7］メール本文では，B課長とDさんとの間で6か月前から何度かやり取りしたメールの内容を引用していた。

2　不正ログインした者が，以降のメール不正閲覧の発覚を避けるために実施したと推察される設定変更がDさんのメールアカウントに確認された。

図1　調査の結果（抜粋）

設問　B課長に疑いをもたれないようにするためにメールの送信者が使った手口として考えられるものはどれか。図1に示す各項番のうち，該当するものだけを全て挙げた組合せを，解答群の中から選べ。

解答群

ア［項番 1］，［項番 2］，［項番 3］
イ［項番 1］，［項番 2］，［項番 6］
ウ［項番 1］，［項番 4］，［項番 6］
エ［項番 1］，［項番 4］，［項番 7］
オ［項番 2］，［項番 3］，［項番 6］
カ［項番 2］，［項番 5］，［項番 7］
キ［項番 3］，［項番 4］，［項番 5］
ク［項番 3］，［項番 5］，［項番 7］
ケ［項番 4］，［項番 5］，［項番 6］
コ［項番 5］，［項番 6］，［項番 7］

解説

子会社であるC社Dさんのアカウントを乗っ取り，不正な請求書をメールで送りつけるオーソドックスな手口です。Dさんの正規のアカウントからメールが送られてきますので，うっかりだまされる寸法です。今回はB課長が不審な点に気づいて情報システム部に調査してもらったため，事なきを得ています。

設問としては，詐欺師がB課長に疑われないように打った手を項番1〜7から選ばせる形になっています。1つ1つ検証していきましょう。

項番1　「通常と違う」は詐欺に気づく最大のポイントです。×
項番2　正規の文書，正規のテンプレを使われると安心してしまいます。スキャビンジングで収集するのもよくある手口です。○
項番3　これも「通常と違う」点で，不正を疑うきっかけとなります。×
項番4　項番3と同様です。なんだかちゃんと偽装する気がないというか，モチベーションの低い詐欺師だと思います。×
項番5　送信ドメイン認証などによりドメイン名の偽装はなかなか難しくなっています。詐欺師の努力の跡が垣間見えます。○
項番6　項番3と同様です。もうちょっとちゃんとしたアドレスで偽装しないといけません。×
項番7　お互いにやり取りした履歴，文脈があると「ああ，いつものDさんだ」とうっかり安心してしまいます。それを狙う詐欺師の常套手段です。○

解答：カ

18 ランサムウェア

出題ナビ

生活が情報システムに依存するようになり，コンピュータが使えなくなると仕事や生活に巨大な支障が出るようになりました。それに付け込んでコンピュータやデータを人質にとるのがランサムウェアです。具体的にはデータを暗号化して利用不能にします。

ランサムウェアとは

ランサムウェアはマルウェアの一種で，近年急速に拡大しています。特徴はファイルなど，重要な資源を暗号化などの手段により使えなくすることと，再び使えるようにして欲しければお金を払えと要求してくることです。攻撃者が犯罪を行う動機が，金銭目的へと明確にシフトしている事実とあわせて覚えておくとよいでしょう。

合格のツボ

- 感染するとファイルにアクセスできなくなる！人質に取られる！
- ファイルが使えないと，業務や生活に大きな支障がでる！
- 元の状態に戻して欲しければ，身代金をよこせと言ってくる！

PCなら買ってくることもできますが，データが使えなくなるとお手上げです。

そのお手上げの部分を狙ってくる悪質な攻撃です。

もうお金を払うしかありません。値下げ交渉とかできますか？

相手は犯罪者なのですから，お金を払うのは絶対ダメです。ファイルが復元される保証もありません。

セキュリティ対策ソフトをインストールし，OSを最新の状態にするのが有効です。ファイルのバックアップ取得も大切な対策です。

ちょっと待って！ バックアップしてもそこも暗号化されてしまうから、どっちにしろダメなのでは？

バックアップは物理的（建物、場所）にも、論理的（ネットワーク）にも切り離したところに保管しておくのが基本です。Cドライブのファイルを Cドライブにバックアップしたりしていませんよね？

●偽セキュリティソフト

類似マルウェアのひとつに，**偽セキュリティソフト**があります。悪意のあるサイトの閲覧やファイル経由で感染すると，「このPCには脆弱性やウイルスの感染があるから，セキュリティソフトを買って対策しろ」としつこく表示してきます。もちろんお金を払ってはいけません。ウイルスの存在やセキュリティ機能の存在そのものが嘘であるソフトがほとんどです。

こんな問題が出る！

ランサムウェアに分類されるものはどれか。

ア　感染したPCが外部と通信できるようプログラムを起動し，遠隔操作を可能にするマルウェア
イ　感染したPCに保存されているパスワード情報を盗み出すマルウェア
ウ　感染したPCのキー操作を記録し，ネットバンキングの暗証番号を盗むマルウェア
エ　感染したPCのファイルを暗号化し，ファイルの復号と引換えに金銭を要求するマルウェア

解答：エ

暗号

19 セキュリティ技術の広がり

出題ナビ

本試験の核心部分の1つです。セキュリティ水準を高めるための手練手管を問うもので，思った以上に幅のあるカテゴリから出題されます。この節で全体を俯瞰し，各節の詳細内容へと進んでください。ホワイトリストやブラックリストは，考え方に慣れておきましょう。

セキュリティ技術とは

リスクへの対応を考えたときに，取り得る選択肢は保有，移転，回避，低減の4つ（→第2章04参照）です。そのうち，主にリスクの低減を実現するために技術的なやり方を用いたものです。

● 暗号化

大事な情報を盗聴されるリスクに対応した技術です。不正アクセスやUSBメモリの紛失など，機密情報が漏えいするリスクはどこにでもあります。インターネットは共有の回線ですから，経路上での盗聴は不可避です。そのため，情報を暗号にすることで「盗聴はしたものの，中身がさっぱりわからない」状態にします。まともに情報を読めるのは，暗号を復元する鍵（復号鍵）を持っている人だけです。

● 認証

本人確認のことです。あるサービスや商品を，きちんとした権利を持っている人にだけ使ってもらうことはとても重要です。しかし，顔の見えないネット上ではこれが意外に難しいため，様々な技術が用意されています。**パスワード**や**2要素認証**，**バイオメトリクス認証**が出題されます。

認証って，パスワードのことですよね？

パスワードは，あくまで認証手段の1つです。他の方法でも構いませんし，パスワードの欠陥のことを考えると，他の方法を積極的に考えるべきかもしれません。

合格のツボ

- 本試験では，盗聴と暗号は対で出てくる
- 認証とは，本人確認のこと
- パスワードだけが認証手段ではない

● マルウェア対策

ネットワークに接続する端末は，数分に1回はマルウェア侵入の危機にさらされるともいわれています。現代の情報システムではネットワーク接続はほぼ必須で，それにともないマルウェア対策も必須になっています。マルウェア対策の基本は，セキュリティ対策ソフトの導入と正確な運用（最新の状態に維持）です。もちろん，社員教育を施して疑わしいファイルを開かないなどの基本を徹底します。

● フィルタリング

疑わしいファイルや通信を，まさにフィルターのようにせき止める技術です。URLでフィルターをかける**URLフィルタリング**や，キーワードでフィルターをかける方法などがあります。

URLでフィルターをかける場合

- **ホワイトリスト方式**……安全なURLだけを登録し，そことしか通信しない
- **ブラックリスト方式**……危険なURLを登録する。そことの通信のみNG。他の通信はすべて許可する

● 信頼性向上技術

信頼性向上技術がなんでセキュリティ？と思われるかもしれません。しかし，セキュリティとは，「安全に仕事をすすめるためのあれやこれやの活動」でした。PCや記憶装置の調子が悪く，常にデータ喪失の危機を感じていては，とても安心して仕事ができません。**データの遠隔地保存**や**事業継続計画（BCP）**も立派なセキュリティ対策です。

暗号

20 暗号の基本

出題ナビ

平文と暗号文，暗号化と復号の関係などを理解します。ここが直接出題されることは稀ですが，問題を考える上での前提となる箇所です。アルゴリズムとキーの分離がポイントの1つです。暗号通信には，なんらかの「権利者しか知り得ないもの」が必要です。それがここではキーになるわけです。

盗聴への対策の意味

情報は競争力の源泉です。ある情報を味方だけが知っていることにより，戦争に勝ち，企業が栄え，地域が隆盛することがあります。そのため価値ある情報を不正に入手しよう，盗聴しようとする試みが後を絶ちません。盗聴への対策は，情報の暗号化が基本です。暗号化はセキュリティ対策の重要な要素といえます。

重要

暗号化と復号

意味のある価値ある情報（平文）を，読んでも意味のわからない情報（暗号文）へと変換することを**暗号化**といいます。再び意味のある情報へ戻すのは**復号**です。

注意

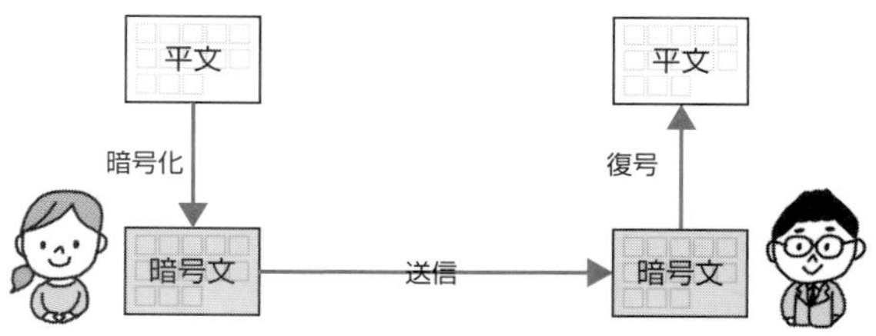

アルゴリズムとキー

平文を暗号文に置き換えるには，一定の法則が必要です。そうでないと，元の平文に復号できません。最古の暗号の1つといわれる**シーザー暗号**では，アルファベットを3文字後方へシフトさせる方法が採られました。復号するときは3文字前方へシフトします。

ABCDEF　→　DEFGHI

このやり方は明解ですが，敵にしくみを知られてしまうと簡単に解読されてしまいます。かといって，暗号を作る方法はそうそう思いつきません。そこで，アルゴリズムとキーの分離が行われました。シーザー暗号では，次のようになります。

●アルゴリズムとキーの分離
アルゴリズム：　アルファベットをシフトさせること
キー：　3文字分ずらす

このように分離すれば，キーについてはいくらでもバリエーションを思いつくことが可能で，敵に知られる前にくるくる暗号化の方法を変更し続けられます。

こんな問題が出る！

暗号の危殆（たい）化に該当するものはどれか。

ア　暗号化通信を行う前に，データの伝送速度や，暗号の設定情報などを交換すること
イ　考案された当時は容易に解読できなかった暗号アルゴリズムが，コンピュータの性能の飛躍的な向上などによって，解読されやすい状態になること
ウ　自身が保有する鍵を使って，暗号化されたデータから元のデータを復元すること
エ　元のデータから一定の計算手順に従って疑似乱数を求め，元のデータをその疑似乱数に置き換えること

解説　暗号は一度導入すれば安心というものではありません。暗号解析技術やコンピュータの演算能力の進歩で，今日安全だった暗号も明日には解読されやすい危険な暗号になっている可能性があります。これを**暗号の危殆化**と表現します。

解答：イ

暗号

21 共通鍵暗号

出題ナビ

暗号化の方法や長所短所に関する理解が問われます。共通鍵暗号の特徴をおさえておくことも大事なのですが，実際の試験では公開鍵暗号との対比で出題されることが多いと考えておいてください。別の通信ペアでは別の鍵が必要となるため，不特定多数との通信には不向きです。

共通鍵とは何が共通なのか

共通鍵暗号方式では，暗号化に使う鍵と，復号に使う鍵が共通しています。アルゴリズムはそんなに種類があるわけではなく，攻撃者も当然知っている情報なので，キーを秘密にできるかどうかが，セキュリティのポイントです。

鍵の数

送信者と受信者の間で秘密の通信をするためには，この2人だけが共通鍵を知っているようにすることが絶対条件です。そのため，3人目が登場するときには新たに共通鍵を作る必要があります。

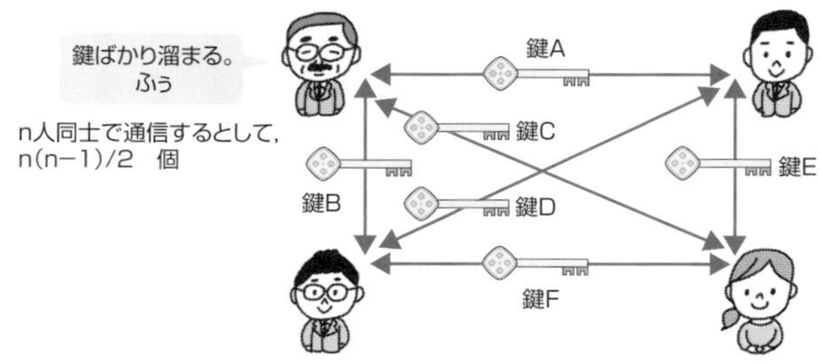

共通鍵の数

n 人が参加するネットワークで必要な共通鍵の数は，

$n(n-1)/2$

長所と短所

共通鍵暗号の長所は，しくみと運用方法のシンプルさです。暗号化と復号にはコンピュータを使ってもそれなりの時間がかかりますが，共通鍵暗号はこれが速いことでも知られています。

一方で，絶対に覚えておかなければならない短所が2つあります。

共通鍵暗号方式の短所
・人の数が増えると，必要な鍵の数が激増する！
・送信者と受信者の間での，鍵の受け渡しが面倒！

ネット通販などでは，大量の利用者と暗号通信のニーズがありますが，共通鍵暗号方式ではとんでもない数の鍵を管理しなければなりません。

また，鍵の受け渡しも問題です。少数であれば，直接会って受け渡すなどの方法もとれますが，大量の人が通信を繰り返すインターネットではそんな手間と費用はかけられません。書留などで鍵を送るのもネットの利便性を損ないます。メールで送れば盗聴されます。

共通鍵暗号で利用される実装方式

DES

DESは，共通鍵暗号の実装方式の一種です。「共通鍵」というのはあくまでアイデアで，実際に使うには具体的なやり方を定めなければなりませんが，その代表格です。米国の公式な暗号方式でしたが，危殆化が進んだためAESに道を譲りました。

AES

AESはDESの次の世代の実装方式です。公募によって選出され，米国政府標準暗号となりました。現在，世界中に普及しています。

合格のツボ

共通鍵暗号方式は
- 鍵の秘匿がセキュリティのポイント
- 暗号化，復号が早い
- 相手が増えると鍵数も増える
- 鍵の受け渡しが難点
- 実装方式はAES

暗号

22 公開鍵暗号

出題ナビ

公開鍵暗号方式では，公開鍵，秘密鍵，送信者，受信者が登場し，ややこしい通信を展開します。ゆえに，それぞれの役割や誰が何の鍵を持っているかが，重要な出題ポイントとなります。送信者が公開鍵を，受信者が秘密鍵を持つことはおさえておきましょう。鍵のペアを作るのは受信者です。

公開鍵暗号とは

共通鍵暗号方式には「鍵数の増大」，「鍵配送の困難」の欠点が存在しますが，公開鍵暗号方式ではこれが改善されています。基本的なアイデアは，暗号化鍵と復号鍵の分離です。

・暗号化に使う鍵　→　公開鍵（暗号化鍵）
・復号に使う鍵　　→　秘密鍵（復号鍵）

これは画期的なことで，分離されていれば暗号を作ることしかできない鍵は公開してしまうことができます。悪意の第三者が入手しても，暗号を作るだけで復号できず，害がないからです。

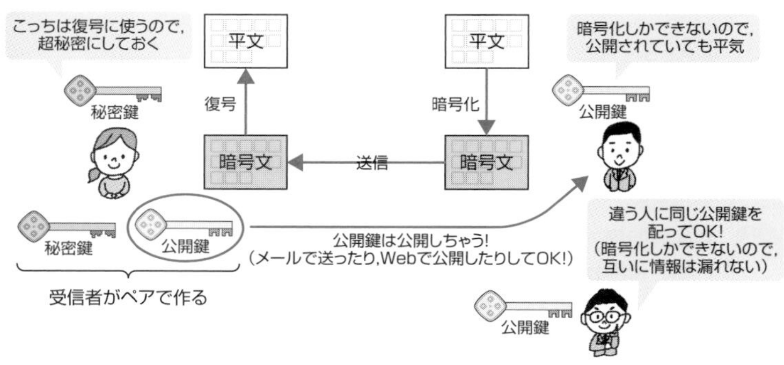

● 鍵の数

公開鍵暗号の性質は，配送問題だけでなく，鍵数の増大問題も解決します。共通鍵暗号では鍵の使い回しは御法度で，別の人に情報を解読されてしまうリスクがありましたが，公開鍵暗号では同じ公開鍵を異なる送信者に渡しても問題ありません。この場合，*n*人のネットワークでの鍵数は**2*n*個**になります。

● 長所と短所

鍵数が少ないのが長所ですが，短所は暗号化と復号に時間がかかり，CPUへの負荷も高いことです。共通鍵のやり取りを公開鍵暗号方式で行い，大きなデータはその鍵を使って共通鍵暗号方式で行う，**ハイブリッド方式**が普及しています。

● RSA

公開鍵暗号方式の代表的な実装方式は**RSA**です。

こんな問題が出る！

Aさんが Bさんの公開鍵で暗号化した電子メールを，BさんとCさんに送信した結果のうち，適切なものはどれか。ここで，Aさん，Bさん，Cさんのそれぞれの公開鍵は3人全員がもち，それぞれの秘密鍵は本人だけがもっているものとする。

ア　暗号化された電子メールを，Bさん，Cさんともに，Bさんの公開鍵で復号できる。
イ　暗号化された電子メールを，Bさん，Cさんともに，自身の秘密鍵で復号できる。
ウ　暗号化された電子メールを，Bさんだけが，Aさんの公開鍵で復号できる。
エ　暗号化された電子メールを，Bさんだけが，自身の秘密鍵で復号できる。

解説　公開鍵は暗号化専門の鍵，秘密鍵は復号専門の鍵です。公開鍵は誰が持っていてもいいですが，秘密鍵は受信者本人が秘密に管理します。エが正答です。

解答：エ

23 暗号関連技術

出題ナビ

ハッシュ関数の特徴は，元のデータとそこから作るハッシュ値を，つじつまが合うように改ざんすることが困難な点にあります。そのため，改ざん検出技術として幅広く利用され，そこが出題ポイントとなります。平文をどんどんハッシュ値にして，対応関係を明らかにする攻撃方法もあります。

ハッシュ関数

ハッシュ関数とは，あるデータから**ハッシュ値**と呼ばれる要約（**メッセージダイジェスト**）を作る関数です。

ハッシュ関数の大きな特徴は，以下の3点です。

・元のデータが同じならば，必ず同じハッシュ値になる
・元のデータが少しでも違えば，似ても似つかないハッシュ値になる（推測しにくい）
・ハッシュ値から，**元のデータを復元することはできない**

ただしごくまれに，異なるメッセージから同じハッシュ値を出力してしまうことがあります。これを**衝突**（**シノニム**）といいます。

合格のツボ

- **情報の伝達に使うのが暗号，情報の検証に使うのがハッシュ値**
- **暗号　→　元のデータに復元できる**
- **ハッシュ値　→　元のデータに復元できない**

SHA

ハッシュ関数はさまざまなものが考えられていますが，米国のNISTによって標準化された**SHA**シリーズ（**SHA-1**，**SHA-2**，**SHA-3**）が広く使われています。このなかで古いSHA-1は，元のメッセージを復元できる脆弱性が発見されて使用中止が勧告されています。

ハッシュ関数によって，出力されるハッシュ値の長さは決まっていま

すが，SHA-2，SHA-3では224，256，384，512ビットのハッシュ値の長さを選ぶことができます。

その他の技術

● PGP

電子メールやファイルの暗号化，認証に使われたフリーウェアです。インターネット，電子メールの普及期によく見られました。

● S/MIME

電子メールを拡張して，各国語や添付ファイルなどを送れるようにした規格がMIMEです。それに手を加え，暗号化と認証の機能を付加したものが**S/MIME**です。改ざんを検出することも可能です。

こんな問題が出る！

デジタル署名などに用いるハッシュ関数の特徴はどれか。

ア　同じメッセージダイジェストを出力する二つの異なるメッセージは容易に求められる。
イ　メッセージが異なっていても，メッセージダイジェストは全て同じである。
ウ　メッセージダイジェストからメッセージを復元することは困難である。
エ　メッセージダイジェストの長さはメッセージの長さによって異なる。

解説

ア　衝突と呼ばれる現象です。衝突が起こることは極めて稀で，意図的に衝突をさせることも困難です。
イ　異なるメッセージダイジェストを出力します。
ウ　正答です。復元できないため，一方向関数と呼ばれます。
エ　メッセージダイジェストの長さは一定です。

解答：ウ

24 認証の基本

出題ナビ

アクセスコントロールとは，正当な権利のある人にだけ資源を使わせることを指し，セキュリティ対策の基本です。「このフロアにはお客さんは入れない」といった物理的なコントロールもありますが，ここでは情報システムで使う論理的なコントロールについて学びましょう。

アクセスコントロール

情報システムの健全な運用の基本は，権利のある人だけがそのシステムを使う，アクセスコントロールです。悪意の第三者や，社内の人であっても権利や能力のない人がシステムを使えてしまうと，情報漏えいや事故が生じます。アクセスコントロールは，3つのステージに分割することができます。

3ステップで覚える！

① 識別

この人は誰かを見分けること。情報システムでは**ユーザID**がよく使われる。

② 認証

識別した利用者が，本当に本人かを見分けること。情報システムでは，**パスワード**がよく使われる。

③ 認可

利用者によって，使ってよい資源を適切に割り当てること。この利用者は閲覧だけ，あの利用者は閲覧と変更といった感じ。

認証とパスワード

本試験で特によく狙われるのは，認証の部分です。認証の手段はたくさんありますが，最も普及している認証方式はパスワードです。パスワードとはご存じの通り，「ある情報を知っているかいないか」で本人確認をする方法です。

・パスワードを知っている	→	本人
・パスワードを知らない	→	本人ではない

本人かそうでないかは，パスワードを知っているかいないかだけで決まってしまうので，絶対に忘れてはいけませんし，絶対に人に教えてもいけません。人に推測されてしまうようなパスワードもNGです。これがパスワードというしくみの難しいところです。

チャレンジレスポンス認証

ネット越しに認証してもらうためには，パスワードを相手に送る必要がありますが，途中で盗聴されるとパスワードがバレて漏れます。これを避けるための方法がチャレンジレスポンス認証です。

① サーバはランダムな文字列（チャレンジ）を，クライアントに送る
② クライアントは利用者が入力したパスワードとチャレンジから，レスポンスを作って，サーバに返信（レスポンス）する。
③ サーバは自分で作ったチャレンジと保管してあるパスワードからレスポンスを作り，クライアントが返信してきたレスポンスと比べる

この方法のすごいところは，パスワードをネット上に送信しなくても，パスワードがあっているかどうか確かめられることです。

合格のツボ

チャレンジレスポンス認証では，ネット上にパスワードを送らずに認証できる

PINコード

Personal Identification Numberなので，直訳すると個人識別番号となりますが，要は暗証番号なので，人に教えてはいけません。日本の金融機関などの暗証番号は４桁のものが多いですが，近年のサービスや海外のサービスではもっと長いPINもあるので，固定観念を持たないように注意しておきましょう。

CAPTCHA

不正アクセスやスパムなどを送信するために，攻撃者はコンピュータにアカウントを自動生成させます。それへの対抗措置が**CAPTCHA**で，歪ませたり線を入れたりすることで難読化した文字を読み取らせ，人間のアクセスかコンピュータのアクセスかを見分けます。コンピュータの認識能力も向上しているので，文字は難読化の一途を辿り，人間でもなかなか読み取れない文字列が表示されることもあります。

読み取った文字列を入力しているのに，アクセスできないときがあります…

開発者も「利用者に無駄な時間を使わせた」と後悔している話が伝わってきています。

え，やっぱり！

でも，今はうまく電子化できなかった書籍の読み取りをCAPTCHAでやってしまうことで，社会に役立っていますよ。

シングルサインオン

あるサービスを利用するためにログインをしなければならないのは，今や当然ですが，あっちこっちにログインするのは面倒です。そこで1か所にログインすれば，あとのログインは自動化して人手を煩わせないしくみが**シングルサインオン**です。

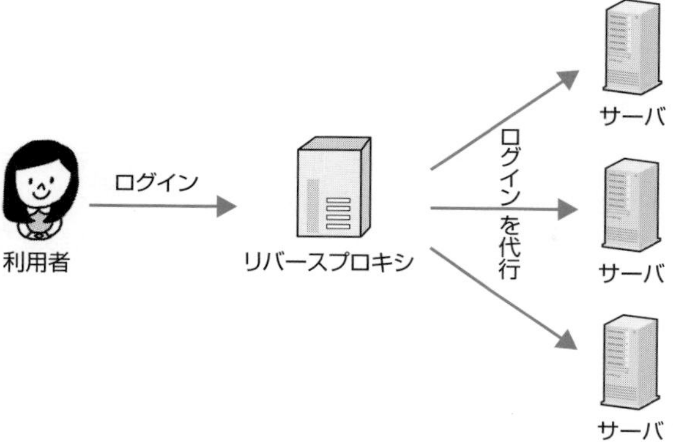

シングルサインオンを実現する手段はいくつもありますが，本試験では**リバースプロキシ**をおさえてきましょう。利用者は複数のサーバを使いたいのですが，ログインするのはリバースプロキシに対してのみです。各サーバへのログインは，リバースプロキシが代行してくれます。

リスクベース認証

その場その場のリスクに応じて，メリハリをつけたセキュリティ対策をしようというものです。利便性を保ちつつ，セキュリティ水準も高める効果があります。たとえば，普段と異なるパソコンや普段と異なる場所からのログインではパスワードだけではログインさせてくれず，スマホに送られてくるメッセージのリンクを踏ませるような方法です。普段と違うやり方でのログインなのでリスクが高い→追加の確認措置をとるという流れです。なんでもかんでも追加確認されるより，手間も省けています。

KYC

Know Your Customerの略語で，本人確認の意味で使われる言葉です。本人確認は大きく2種類に分けることができます。身分証などで住所や氏名を確かめる身元確認と，いまアクセスしている人はこのアカウントを使っている本人か確かめる当人認証です。

一口にKYCといっても，状況に応じて身元確認，当人認証を使い分けるので，意識しておきましょう。電子的にKYCを行うものをeKYCといいます。

こんな問題が出る！

人間には読み取ることが可能でも，プログラムでは読み取ることが難しいという差異を利用して，ゆがめたり一部を隠したりした画像から文字を判読して入力させることによって，プログラムによる自動入力を排除するための技術はどれか。

ア　CAPTCHA　　イ　QRコード
ウ　短縮URL　　エ　トラックバックping

解答：ア

25 ワンタイムパスワード

出題ナビ

パスワード漏れへの対策としての,「使い捨てパスワード」です。ワンタイムパスワードがSMSでスマホに送られてくるような認証方法も増えてきました。その場合,知識による認証と事物による認証を組み合わせた2要素認証になっていることがあります。整理しておきましょう。

ワンタイムパスワードとは

パスワードは漏れたら終わりで,リスクの高い認証方式であるといえます。それを少しでも安全に運用するための方法の1つが**ワンタイムパスワード**で,名前の通りパスワードを1回こっきりの使い捨てにします。

毎回新しいパスワードを決めて送るなんて,盗聴されたらまずいんじゃないですか?

いい視点ですね。パスワードの作り方や送信の方法で対策しているので,パスワードを使い捨てるメリットが盗聴のリスクを上回ると考えるのですが,そういう見方は大切です。

S/KEY

ワンタイムパスワードで工夫すべきところは,サーバが考えているパスワードとクライアントが考えているパスワードを一致させることです。使い捨てでころころ変わるので,両者の考えが一致しないとパスワードが使えなくなります。

S/KEYでは,どちらにも同じパスフレーズを登録しておいて,サーバが**シード**と呼ばれるパスワードの元(乱数とシーケンス番号)をクライアントに送ります。クライアントはシードとパスワードからワンタイムパスワードを作ってサーバに返信します。

サーバはサーバで自身のパスフレーズとシードから,ワンタイムパスワードを作ります。両方を突き合わせて検証するわけです。シーケンス番号は毎回減らされていくので,同じワンタイムパスワードはできません。

時刻同期

毎回異なるワンタイムパスワードのタネ（シード）として，時刻を使う方式です。パスワードを作るごとに時刻は異なるはずですから，毎回違うパスワードができます。また，きちんと時刻同期していれば，サーバとクライアントは同じ時刻を指しているはずですから，S/KEYと違ってシードのやり取りが必要ありません。

時刻から**トークンコード**と呼ばれる認証情報をつくり，トークンコードとあらかじめ登録されたパスワードからワンタイムパスワードを作ります。

合格のツボ

- **サーバとクライアントで時計が合っていないとうまく認証できない**
- **時刻同期を行うプロトコルはNTP！**

こんな問題が出る！

インターネットと社内サーバの間にファイアウォールが設置されている環境で，時刻同期の通信プロトコルを用いて社内サーバがもつ時計をインターネット上の時刻サーバの正確な時刻に同期させる。このとき，ファイアウォールで許可すべき時刻サーバとの間の通信プロトコルはどれか。

ア　FTP（TCP，ポート番号21）
イ　NTP（UDP，ポート番号123）
ウ　SMTP（TCP，ポート番号25）
エ　SNMP（TCP及びUDP，ポート番号161及び162）

解説　ネットワークの正確な運用や事故発生時の検査などは，正確な時刻記録が前提となります。複数サーバの情報を比較するためには，両者の時刻が同期していなければならないからです。時刻同期を正確かつ自動的に行うためのプロトコルはNTPです。

解答：イ

認証

26 パスワードの欠点

出題ナビ 日常生活，日常業務でも触れる機会が多い技術であるため，頻出のテーマです。問われ方も多岐にわたりますが，セキュマネ試験においては安全な運用方法を中心に問われることが多くなります。「使い方の工夫で安全にする」方法は，利用者への負担が大きいことを覚えておきましょう。

パスワードの欠点と運用方法

これまでにも何回か出てきたように，パスワードは知識を使った認証方法で，他人に知られたらおしまいです。モノを使った認証方式（例えば家や車の鍵）だって，盗られたらおしまいですが，盗られたことがよくわかります。それに比べると知識は，知られてしまったことがわかりにくいのです。推測されてしまうこともあります。

これは認証方式としてのパスワードの構造的な欠陥で，根本的には直しようがありません。そこで「使い方（運用）」でなんとかこの欠陥をカバーしているわけです。

パスワードの欠陥

・パスワードはどんどん変更しなければならない！
　→　盗聴対策
・パスワードは長大で複雑なほどよい！
　→　ブルートフォース攻撃対策
・パスワードはメモに残してはいけない！
　→　ソーシャルエンジニアリング対策
・パスワードは意味のある情報ではいけない！
　→　辞書攻撃対策

って，いやいやムリムリ。メモしちゃいけないのに，複雑なほどよいとか……。

おっしゃる通りです。無茶苦茶なことを利用者に要求していることがわかりますね。

合格のツボ

- パスワード方式は欠陥だらけ
- 安く，作りやすいシステムなので採用されているが，利用者に負担をかけている

2要素認証

知識だけの認証では危険なので，物理認証（持っていることが認証になる要素，例えばスマホにワンタイムパスワードが送られてくる）など他の認証方式を組み合わせた**2要素認証**，**多要素認証**も盛んになっています。でも，利用者に負担をかけているのは変わりません。

- パスワード＋第2暗証番号は，2つ認証しているようでも，本来の2要素認証ではない！
- どちらも知識認証なので，漏れるときは一緒。強度が弱い！

パスワード管理ツール

情報システムの社会インフラ化が進み，何をするにもログインが求められるようになると，パスワードの限界も見えてきました。端的に言って覚えきれません。

もっとよい認証方法を模索した結果の1つが，バイオメトリクスなど異なる認証技術です。また，既存のパスワードのしくみを生かしつつ利便性を向上させる手法としては，**パスワード管理ツール**の利用も一般化しています。セキュリティ対策ソフトの一機能として提供されることも多く，ソフトウェアが多くのサービスのユーザIDとパスワードを記憶・管理してくれます。サービスを利用するときのログインも自動で行われます。

合格のツボ

- セキュリティ対策ソフトへのログインは，バイオメトリクスなどを使い，簡単で強固なセキュリティにすることが可能
- セキュリティ対策ソフト自体を狙うマルウェアがあるので，完璧な対策と過信してはいけない

27 バイオメトリクス

出題ナビ

バイオメトリクスは一般的なシステムへの実装例が増えているため，狙われがちな分野となります。古典的な教科書では指紋や虹彩が定番例でしたが，現実には顔認証が多くなっているので，気をつけて対策しておきましょう。顔認証は眼鏡や加齢にも対応できるようになりました。

バイオメトリクスとは

生体情報を認証（本人確認）に使う技術の総称です。パスワードは忘れたり，推測されたりする弱点がありますが，生体情報であればどこかに忘れてくることもなく，偽装するのも困難です。

長所

推測しにくい
忘れることがない
簡単

短所

高コスト
指紋などを取られると，ちょっと嫌な感じ
一度盗まれると，変更できない
指のない人は使えないなどの別の問題も

● 指紋認証

指紋の形の特徴点を抽出して，認証情報とする技術です。指紋は犯罪捜査などで本人を特定する情報として長く使われてきたので，イメージしやすいと思います。掌紋（手のひら）認証も同種の技術です。

完璧な技術じゃないですか！

シリコンの型で指紋認証を突破した攻撃者もいますよ。対策として静脈の形や血流の情報も確認しよう！ とかやるのですが，いたちごっこですね。

● 虹彩認証，網膜認証

虹彩は眼球の前面部，網膜は後面部にあります。目の情報を使って本人確認をしようという方法で，どちらも高い精度で本人確認をすることが可能です。機器が高価でしたが，近年低廉化が進んでいます。

● 顔認証

顔全体の情報を使って本人確認を行います。機械学習との組合せで精度が上がり，急速に導入例が増えました。一般的なカメラがあればいいので導入しやすすのが利点です。また記録として残るのが顔なので，あとから人の目でも不正などの確認がしやすいのも特徴です。

● 声紋認証

声を使った本人確認方式です。他の生体情報と比べると気軽に使える利点がありますが，録音されたり，風邪をひいて本人なのに声がかわってしまったりするリスクは大きくなります。

● 他人受容率（FRR）と本人拒否率（FAR）

バイオメトリクスでは，どうしても誤検知の可能性があります。片方を下げようとすると片方が上昇する特性がありますが，被害が大きくなるのは他人受容率が大きいときです。

他人受容率	他人なのに，本人だと間違えてしまうこと
本人拒否率	本人なのに，他人だと間違えてしまうこと

こんな問題が出る！

2要素認証に該当する組はどれか。

ア　ICカード認証，指紋認証
イ　ICカード認証，ワンタイムパスワードを生成するハードウェアトークン
ウ　虹彩認証，静脈認証
エ　パスワード認証，パスワードリマインダ

解説　バイオメトリクスを絡めた2要素認証の出題です。バイオメトリクスと物理認証（ICカード認証）の組合せであるアが正答です。

解答：ア

28 デジタル署名

出題ナビ

デジタル署名は，電子データを誰が作成したのかを特定するための技術です。出題ポイントは，公開鍵暗号の技術を応用していることで，公開鍵のしくみと紛らわしいので，類似部分の正確な理解を突いてきます。両者を対比して記憶しましょう。次節のPKIとも関連させて理解するとなおよいです。

デジタル署名とは

デジタル署名とは電子的なサインのことで，電子ハンコなどと呼ばれた時期もありました。紙の書類では，本人が作成し改ざんなどされていないことを証明するために，署名・捺印・割印を行いますが，その代わりです。デジタル文書にハンコを押すことはできませんし，捺印のために，せっかくのデジタル文書をいちいち紙に印刷するのも非効率です。デジタル署名の普及は必然といえるでしょう。

合格のツボ

デジタル署名が実現する3つの機能

- **本人が作成したデータであることの証明**
- **第三者によって改ざんされていないことの証明**
- **本人が後から「こんなの作ってない」と言い出すことの防止**

デジタル署名のしくみ

デジタル署名で絶対におさえておくべきなのは，公開鍵暗号の技術が使われていることです。

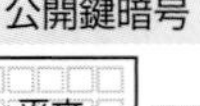

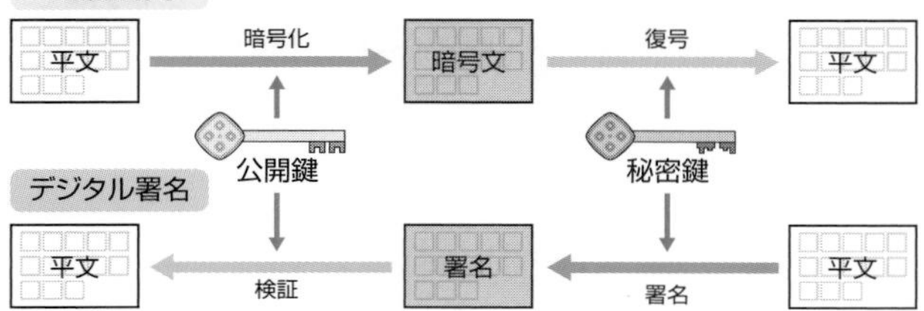

公開鍵暗号とデジタル署名

	誰が鍵ペアを作る?	公開していいのは?
公開鍵暗号	受信者	公開鍵（暗号化をする鍵）
デジタル署名	送信者	公開鍵（検証をする鍵）

何から何まで対照的です。公開鍵暗号の技術を応用してはいますが，デジタル署名では送信者が鍵ペアを作り，検証用の鍵を公開，署名用の鍵を秘密に保管します。こうすることで，ペアである公開鍵で検証できる署名を作れるのは送信者だけなので，確かに本人が作ったデータだと確認できるのです。

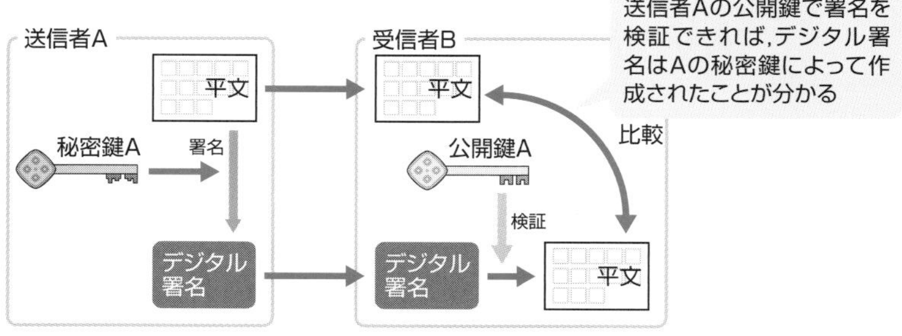

え？ 公開鍵暗号で言えば，復号鍵ですよね？ 公開しちゃダメじゃないですか！

目的が違うんですよ。解読されないためではなく，「この署名を作れるのは××さんだけ」と確認したいのです。この手順で，本人が作ったデータだって確認できますよね？

こんな問題が出る！

デジタル署名に用いる鍵の組みのうち，適切なものはどれか。

	デジタル署名の作成に用いる鍵	デジタル署名の検証に用いる鍵
ア	共通鍵	秘密鍵
イ	公開鍵	秘密鍵
ウ	秘密鍵	共通鍵
エ	秘密鍵	公開鍵

解説　定番中の定番，鍵ペアのそれぞれの役割を問う問題です。まずは公開鍵暗号と間違えないことが，正答への絶対条件となります。正しい組合せはエです。

公開鍵暗号	
鍵ペアを作るのは？	受信者
暗号を作るのは？	公開鍵
復号するのは？	秘密鍵

デジタル署名	
鍵ペアを作るのは？	送信者
デジタル署名を作るのは？	秘密鍵
復号（署名の検証）をするのは？	公開鍵

解答：エ

XML署名

デジタル署名の書式の一種で，XML形式で記述するのが特徴です。人間にとって可読性が高く，標準化も進んでいます。基本的にはXML文書に対して署名します。

署名対象のXML文書から独立したデタッチ署名，署名対象のXML文書に署名を埋め込むエンベロープ署名，逆に署名の中に対象文書を埋め込むエンベローピング署名の3種類があります。また，XML署名では文書の一部に対する署名（部分署名）や複数の署名を重ねる多重署名が可能です。

メッセージダイジェストの利用

実際にデジタル署名を使う場合には，署名したいメッセージをいきなり秘密鍵で暗号化するわけではありません。ハッシュ関数を使ってハッシュ値（**メッセージダイジェスト**）を作り，それに対して秘密鍵による暗号化を行います。

なんでわざわざハッシュ化してから暗号化するんですか？

ハッシュ値は長さが一定で，元のデータより短いので，処理しやすいからです。それに，改ざんの検出もできますよ。

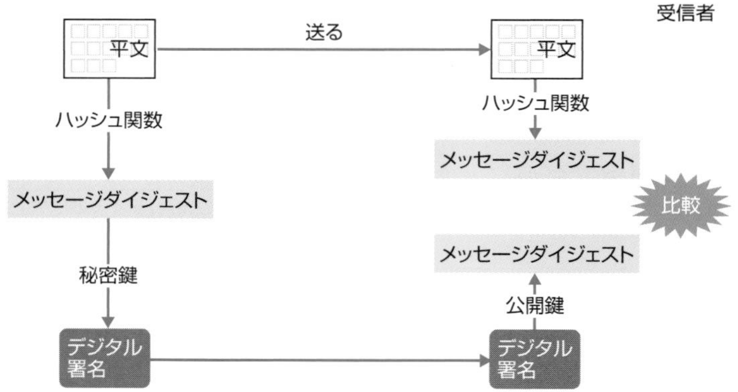

※実際には平文のまま送るようなことはしない。別に暗号化をした上で送信する

図を見てください。上ルートでは，平文をそのまま送って，ハッシュ値を取り出しています。下ルートでは，ハッシュ値を作りそれを暗号化してデジタル署名を作ってから送信し，公開鍵で復号することによってハッシュ値を取り出しています。

悪意のある第三者が送信中のパケットを狙ったとして，上ルートと下ルートのつじつまが合うように，平文とデジタル署名の両方を改ざんすることは不可能です。したがって，両者を比較することで，改ざんの検出ができます。

すごい，改ざん不可能なんですね！これで枕を高くして寝られます。

枕って高くても寝にくいですけどね。もちろん，ハッシュ関数や秘密鍵に脆弱性があれば，安全ではなくなりますよ。（ハッシュ関数の脆弱性は第１章24暗号関連技術を参照）

MAC（メッセージ認証コード）

メッセージダイジェストとよく似ていて，あるデータに関数を適用して（ハッシュ関数とは限りません）認証コードを取り出しますが，このときに**共通鍵**を使います。共通鍵を知る人でなければ，認証コードを作れません。

対比で覚える！

暗号，ハッシュ値，メッセージ認証符号の違い

●暗号

第三者に情報が漏れても，意味がわからない状態にする。

共通鍵暗号	秘密鍵を使う。1対1の通信で使う。暗号化と復号が高速
公開鍵暗号	公開鍵と秘密鍵のペアを使う。不特定多数との通信に使える

●ハッシュ値

ある情報をハッシュ関数にかけるとただ1つ得られる要約値。情報の改ざん発見や照合に使う。もとには戻せない→もとの情報を推測できないため，パスワードからハッシュ値を作れば，ネットでパスワードを送受信しなくても認証ができる……などすごくたくさんの使い方がある。

●メッセージ認証符号（MAC）

情報の改ざん発見に使う。

・ある情報＋共通鍵で作る。作り方はハッシュ関数をはじめいろいろある
・MACが一致するなら，もとになっている「ある情報」も一致する
・ハッシュ値は誰でも作れるが，MACは共通鍵がないと作れない

認証

29 PKI

出題ナビ

デジタル署名は三文判のようなものなので，なりすましが可能です。信頼してもらうためには，ネット上における印鑑登録ともいえるデジタル証明書の発行が必須です。しくみがややこしいので，出題者が問題を作りやすい箇所でもあります。図で覚えるのがおすすめです。

PKIが必要な理由

デジタル署名を「電子ハンコ」と呼びましたが，簡単なハンコはどこでも買えるように，デジタル署名も「これはＡさんのだ！」と他人が勝手に作れてしまいます。これを防ぐために第三者機関（**認証局**：**CA**）にデジタル署名を認めてもらいます。このように社会全体でデジタル署名を安心して使えるしくみを**PKI**と呼びます。

具体的には，デジタル署名を使いたい人は，認証局に対して鍵ペアと身分証明書や登記簿などを提出し，デジタル証明書を発行してもらいます。

またためんどうなことを考えましたね。

大きな借金をするときは三文判じゃダメで，役所で印鑑登録した実印を使うじゃないですか。

フッ，僕はトイチで借りてるから，実印とか要りませんでした。

資格試験より先にやるべきことがあるみたいですね。

合格のツボ

- デジタル証明書の書式の標準は，X.509
- いろいろな情報が含まれているが，基本は公開鍵にCAが署名してくれたもの
- 著名なCAの公開鍵は，ブラウザなどにインストールされているため，それでデジタル証明書を検証できる

登録局と発行局

認証局（CA）は，細かく分けると**登録局**（**RA**）と**発行局**（**IA**）の2つから成り立っています。ただ，セキュマネ試験の場合は取りあえずCAを知っておけば大丈夫です。

ちなみに，認証局を社内などに設置する，**プライベートCA**というものもあります。公的な認証局と比べるともちろん信用度は落ちますが，用途によってはこれで十分なケースもあります。

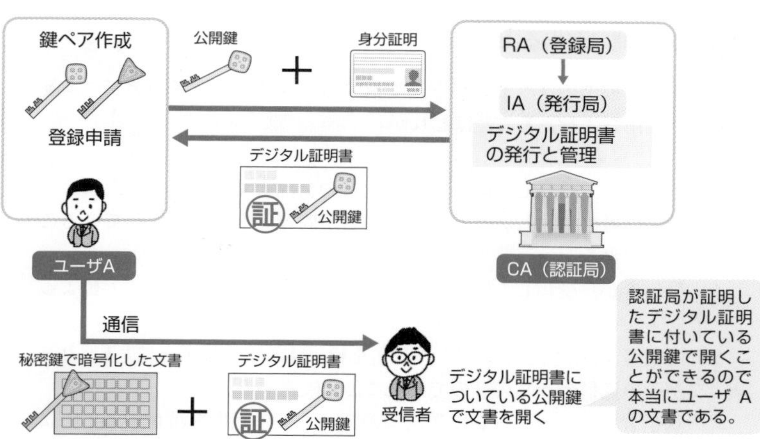

認証の階層

世の中に認証局がボコボコできると，認証局自体が信用できるものかどうかわからなくなります。そこで，厳しい監査基準をクリアした，誰でも知っているような著名認証局を**ルート認証局**として信頼します。その他大勢の認証局は**中間認証局**と呼び，ルート認証局に信頼してもらうことで信頼の連鎖をつくります。ルート認証局は，自分自身で署名したルート証明書を発行して，すべての信頼の基礎とします。

著名認証局１つ作っておけばいいじゃん。

１個しかないと不便です。大学病院とかかりつけ診療所があるようなものです。

ルート証明書って，自分で署名したんでしょ？　有名人だとそんなことも許されるんだ！

厳しい監査基準をクリアしてるので，信頼してあげましょうよ。

こんな問題が出る！

二者間で商取引のメッセージを送受信するときに，送信者のデジタル証明書を使用して行えることはどれか。

ア　受信者が，受信した暗号文を送信者の公開鍵で復号することによって，送信者の購入しようとした商品名が間違いなく明記されていることを確認する。
イ　受信者が，受信した暗号文を送信者の公開鍵で復号することによって，メッセージの盗聴を検知する。
ウ　受信者が，受信したデジタル署名を検証することによって，メッセージがその送信者からのものであることを確認する。
エ　送信者が，メッセージに送信者のデジタル証明書を添付することによって，メッセージの盗聴を防止する。

解説　デジタル証明書が証明するのは，そのデータを誰が作ったかです。デジタル証明書は暗号の技術を利用していますが，盗聴対策をするのであれば別途暗号化する必要があります。正答はウです。

解答：ウ

失効とCRL

デジタル証明書には**有効期限**が定められていて（証明書内に書かれています），安全性を高めています。また，有効期限内に失効するケースもあります。一度認証局の審査を通過して発行されたデジタル証明書も，デジタル証明書の持ち主が倒産したり，証明書を盗まれたりしたら失効させないと危ないです。認証局は，**CRL（証明書失効リスト）**を配布して失効を周知します。

合格のツボ

- **認証局（CA）は，登録局（RA）と発行局（IA）からなる**
- **有効期限内に失効しているかどうかCRLで確認，は出題ポイント**

タイムスタンプ

電子文書がいつ作られたか，最後に更新したのはいつか，はビジネスを進める上で重要です。これを証明するのが**タイムスタンプ**で，**時刻認証局（TSA）**が電子文書にデジタル署名をすることで，時刻と**完全性**（改ざんされていないこと）を証明します。

こんな問題が出る！

情報セキュリティにおけるタイムスタンプサービスの説明はどれか。

ア　公式の記録において使われる全世界共通の日時情報を，暗号化通信を用いて安全に表示するWebサービス

イ　指紋，声紋，静脈パターン，網膜，虹彩などの生体情報を，認証システムに登録した日時を用いて認証するサービス

ウ　電子データが，ある日時に確かに存在していたこと，及びその日時以降に改ざんされていないことを証明するサービス

エ　ネットワーク上のPCやサーバの時計を合わせるための日時情報を途中で改ざんされないように通知するサービス

解説　公的文書などは，誰が作った（デジタル証明書で調べられる）だけでなく，いつ作ったかが重要になることもあります。これに対応するサービスが**タイムスタンプサービス**で，いつ作られたか，更新されたかがわかります。ウが正答です。

解答：ウ

時刻情報なんて後からいくらでも書き換えられそうです。

そこでハッシュ関数が使われます。改ざんを防止するための定番技術ですね。

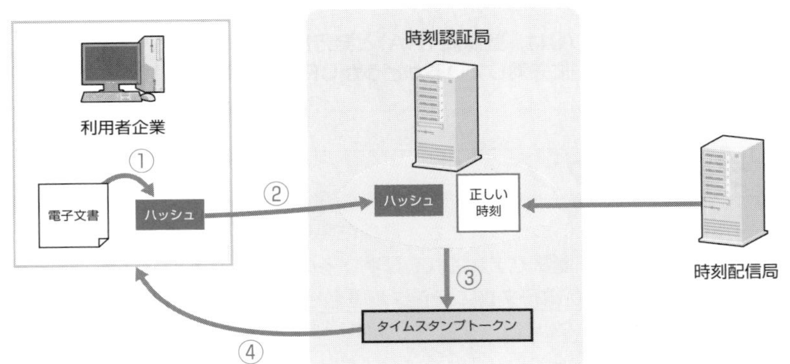

4ステップで覚える！

①タイムスタンプのハッシュ値を作る
②それを時刻認証局に送る。時刻認証局は，正しい時刻を時刻配信局からもらう
③ハッシュ値と時刻からタイムスタンプトークンを作り，秘密鍵で暗号化する
④利用者にタイムスタンプトークンを返す

第2章

情報セキュリティ管理

リスク分析

01 リスクマネジメント

出題ナビ

なぜリスクマネジメントが必要なのか，どのようにマネジメントすればよく，どんなツールが使えるかを知っておきましょう。そのまま出題されるのはもちろん，他のセキュリティ対応の基礎ともなる考え方です。最小権限の原則は出題者のお気に入りです。しっかり覚えましょう。

情報資産・脅威・脆弱性とリスクの関係

第1章でも学んだように，情報資産と脅威と脆弱性が3つ揃うと，リスクが顕在化（現実のものになる）します。お金のない人より持っている人，鍵が厳重な家より開いている家が危ないのは，自明です。

揃うと危険ならばなくしてリスクをマネジメントすればいいのですが，お金は捨てられませんし，泥棒もいなくなりません。一般的にセキュリティ対策は自らの脆弱性をなくしていくことを考えます。

リスクマネジメントの体系

情報資産，脅威，脆弱性（主に脆弱性）をなくすときに難しいのが，残存すると意味がないことです。99のドアに鍵をかけても，残りの1つをかけ忘れればそこから泥棒が入ってきます。そのため，システマティックなリスク管理体制が非常に重要です。リスクマネジメントのしくみ（リスクマネジメントシステム）を確立するためのガイドラインとして出題されるのが**JIS Q 31000**（**ISO 31000**）です。

合格のツボ

- **3つ揃うとリスク顕在化！**
- **どれか1つを除去するのがセキュリティ対策**

不正のトライアングル

どんなときに不正行為が起こるかは，パターンが決まっています。以下の3つが揃うと不正がとても起きやすくなります。

不正のトライアングルは，機会，動機，正当化

- **機会**……やれちゃう，やってもバレなさそう，と思える瞬間
  →最小権限の原則などで対抗
- **動機**……お金がないし，隠さないと怒られるし，という差し迫った困りごと
  →給料を上げる，は実現しないが，事故を起こした当事者への罰則を必要以上に厳しくしないなど
- **正当化**……みんなやってるし，俺じゃなくて上司が悪いし，盗んでなくて借りただけだし，といった屁理屈
  →社員教育などで対抗

● 最小権限の原則

特定の人に権力が集中すると不正や暴発を起こしやすいので，権限を分散して相互に監視します。ミスによる悪影響の限定化にも効果があります。

権力を分散するのはいいですね。僕もおこぼれがもらえるかな？

権力には責任がついてきますよ。まあ，有能な人に権限を集中させると仕事の効率はいいのですが，何か起こったときの悪影響は大きくなりますね。

こんな問題が出る！

“不正のトライアングル”理論において，全てそろったときに不正が発生すると考えられている3要素はどれか。

ア　機会，動機，正当化　　　イ　機密性，完全性，可用性
ウ　顧客，競合，自社　　　　エ　認証，認可，アカウンティング

解説　機会と動機と正当化が，不正のトライアングルの3要素です。どれかを除去しないといけません。

解答：ア

02 リスクアセスメントとその方法

出題ナビ

リスクマネジメントを確立するためにまず行うのが，リスクアセスメントです。マネジメントを確立するための仕事の順番や，リスクアセスメントの代表的なアプローチ方法が問われます。文章で説明されたときに，各アプローチの区別がつくようにしておきましょう。

リスクマネジメントのプロセス

体系化されたリスクマネジメントでは，次のような順番で作業を行います。

1. リスクアセスメント
　1-1. リスク特定→リスクを見つける。一覧を作る
　1-2. リスク分析→見つけたリスクへの理解を深める
　1-3. リスク評価→分析した結果で順位づけし，対応の有無や優先順位を決める
2. リスク対応
　2-1. 対応方法を決める（回避，移転，保有，低減）
　2-2. 対応の計画と実践
3. モニタリングとレビュー
　→マネジメントがうまくいっているかの確認と，改善案の計画・実践

リスクアセスメント

リスクアセスメントのやり方はいろいろです。自社に合わせた方法を選べばよいですが，基準や手法が一貫していることが重要です。

● ベースラインアプローチ

現実の業務ではベースラインアプローチを採用することが多く，手軽，低コストで導入しやすいですが，あくまでも標準化されたツールを使うので，自社特有のリスクを見逃すこともあります。

● 詳細リスク分析

ベースラインアプローチが既製品とすれば，詳細リスク分析はカスタムメイドです。時間と費用をかけ精密な分析を行います。高いスキルが必要で，能力によっては見落としの可能性が高まります。

● 複合アプローチ

ベースラインアプローチと詳細リスク分析を組み合わせ，いいとこ取りを狙ったやり方です。基本的にはベースラインアプローチを使い，重要なシステムや業務に詳細リスク分析を行います。

● 非形式的アプローチ

誤答の選択肢としてよく出てきます。担当者が自分の経験を頼りにアセスメントするようなやり方です。

合格のツボ

リスクアセスメントの決め方

- 既存の標準規約を参照する→網羅性が高く偏った対策になりにくい
- 標準規約を参考に自社にあった対策基準を決め，それをベースラインとする
- ベースライン（理想）と現状の差を検証し，埋めていく

こんな問題が出る！

情報セキュリティ対策を検討する際の手法の一つであるベースラインアプローチの特徴はどれか。

ア　基準とする望ましい対策と組織の現状における対策とのギャップを分析する。
イ　現場担当者の経験や考え方によって検討結果が左右されやすい。
ウ　情報資産ごとにリスクを分析する。
エ　複数のアプローチを併用して分析作業の効率化や分析精度の向上を図る。

解答：ア

リスク分析

03 リスク特定，リスク分析，リスク評価

出題ナビ

リスクを見つけ，知り，どのくらいの大きさかを考えるプロセスです。もっともよく問われるのは次節のリスク対応ですが，その大前提となる準備作業だと考えてください。リスクは網羅しないと意味がないこと，すべてのリスクに対処するのは不可能なので優先順位をつけることを念頭におきましょう。

リスク特定

リスクに対応するためにはリスクを特定（識別）しなければなりません。未熟な組織では，自社にどのような大事なものがあるのかすら把握していないこともあります。リスクの特定には，まず自社が保有している情報資産がリストアップされている必要があります。

その上で各々の情報資産について，資産価値，脅威，脆弱性とその大小を明らかにしていきます。資産価値はともかく，脅威や脆弱性の特定は簡単なようで，「漏れなく」すべてを把握するのはとても困難です。例えば同じ社屋でも，平日と休日では存在する脅威，脆弱性の種類や大きさが違います。

● リスクを網羅できるのか？

- 場所から考えていく →社屋，フロア，ネットワーク
- 時期で考えていく →平日・休日，システム導入直後，新入社員入社直後
- 原因から考えていく →物理的原因，論理的原因，人的原因
- リスクの種類から考えていく →投機的リスク，純粋リスク
- 損失の種別から考えていく →直接損失，間接損失

合格のツボ

リスクの特定では

- **情報資産管理台帳の整備は特に重要**
- **自社保有の情報資産を見える化する**

リスク分析

特定されたリスクを何とかするわけですが，すべてに対処できるわけではありません。また，対処しなくてよいリスクもあります。リスク分析では，各リスクの大小を考え，対応する順序やどこまで対応するかを決定していきます。

リスク評価をした結果得られる値を，**リスク水準（リスクレベル）**と呼びます。

● リスクの大きさの検討

リスク特定において，個々のリスク要素を識別していますから，この段階ではそれを総合して情報資産ごとのリスクを算出します。例えば，資産価値を0～3，脅威と脆弱性をLow，Middle，Highで識別したとして，次のような評価をします。

顧客データの盗難についての評価　→　リスク評価6
情報資産：顧客データ　資産価値3
脅威：レベルM
脆弱性：レベルH

脅威レベル		L			M			H		
脆弱性レベル		L	M	H	L	M	H	L	M	H
資産価値	0	0	1	2	1	2	3	2	3	4
	1	1	2	3	2	3	4	3	4	5
	2	2	3	4	3	4	5	4	5	6
	3	3	4	5	4	5	6	5	6	7

顧客データの火災についての評価　→　リスク評価3
情報資産：顧客データ　資産価値2
脅威：レベルL
脆弱性：レベルM

もちろん評価方法はたくさん考えられていて，上図はあくまで一例です。セキュリティマネジメント試験では評価方法の詳細を知っている必要はありませんが，**定量的評価方法**と**定性的評価方法**に大別できることはおさえておきましょう。

対比で覚える！

定量的評価方法と定性的評価方法

- **定量的評価方法**……リスクの大きさを数値で表す方法
  - ・わかりやすい
  - ・ほとんどの場合，数値には損失額を使う
  - ・金額にしにくいリスクもある
- **定性的評価方法**……数値で表しにくいリスクを体感などで示す方法
  - ・金額化，数値化しにくいものも評価できる
  - ・評価基準を明確化しにくく，評価者によってばらつきが出る可能性も

一見，定量的評価に見える定性的評価もあるので，注意が必要です。

なんですかそれ，どんなトリックを使うのですか？

トリックではありませんが，「満足度を0～100で記入してください」といった調査は数値を使っているものの，定性的な評価です。

なるほど，気分ひとつでどうにでもなりますもんね！

リスクの受容水準

リスク評価で，リスク水準が明らかになります。すべてのリスクに対応することは時間的，費用的に不可能です。そのため，どこかの水準で「これ以下のリスクには対応しない」と決める必要があります。これを**受容水準**と呼びます。

受容水準の決定は，経営層の重要な仕事です。どこまでのリスクに対応するかは，その会社の経営方針，財務状況，業界の事情などによって異なります。明確な基準はなく，自社で決める指標です。

合格のツボ

- リスクの受容水準は，リスク対応をするかどうかの分かれ目
- リスクの受容水準は，経営層が決める

リスクの種類

どんなリスクが存在するのか，本試験で問われそうなものを中心に，用語を覚えておきましょう。

直接損失	**財産損失**	お金やコンピュータがなくなる
	人的損失	人が怪我をしたりする
間接損失	**責任損失**	罰金を払ったりする
	機会損失	売れたはずのものが売れなくなったりする。売り損ねといってもよく，収益の喪失につながる

オペレーショナルリスク	ふつうに仕事しているときに存在しているリスク
サプライチェーンリスク	協力企業がやらかすリスク
外部サービス利用リスク	クラウドが突然止まったり，といったリスク
SNSリスク	炎上したり，情報漏えいしたりといったリスク
モラルハザード	本試験では，倫理の欠如の意味で使われる

科目Bはこう出る！

A社は，分析・計測機器などの販売及び機器を利用した試料の分析受託業務を行う分析機器メーカーである。A社では，図1の“情報セキュリティリスクアセスメント手順”に従い，年一度，情報セキュリティリスクアセスメントの結果をまとめている。

- 情報資産の機密性，完全性，可用性の評価値は，それぞれ0～2の3段階とし，表1のとおりとする。
- 情報資産の機密性，完全性，可用性の評価値の最大値を，その情報資産の重要度とする。
- 脅威及び脆(ぜい)弱性の評価値は，それぞれ0～2の3段階とする。
- 情報資産ごとに，様々な脅威に対するリスク値を算出し，その最大値を当該情報資産のリスク値として情報資産管理台帳に記載する。ここで，情報資産の脅威ごとのリスク値は，次の式によって算出する。

  リスク値＝情報資産の重要度×脅威の評価値×脆弱性の評価値
- 情報資産のリスク値のしきい値を5とする。

・情報資産ごとのリスク値がしきい値以下であれば受容可能なリスクとする。
・情報資産ごとのリスク値がしきい値を超えた場合は，保有以外のリスク対応を行うことを基本とする。

図1　情報セキュリティリスクアセスメント手順

表1　情報資産の機密性，完全性，可用性の評価基準

評価値		評価基準	該当する情報の例
機密性	2	法律で安全管理措置が義務付けられている。	・健康診断の結果，保健指導の記録 ・給与所得の源泉徴収票
	2	取引先から守秘義務の対象として指定されている。	・取引先から秘密と指定されて受領した資料 ・取引先の公開前の新製品情報
	2	自社の営業秘密であり，漏えいすると自社に深刻な影響がある。	・自社の独自技術，ノウハウ ・取引先リスト ・特許出願前の発明情報
	1	関係者外秘又は社外秘情報である。	・見積書，仕入価格など取引先や顧客との商取引に関する情報 ・社内規程，事務処理要領
	0	公開情報である。	・自社製品カタログ，自社Webサイト掲載情報
完全性	2	法律で安全管理措置が義務付けられている。	・健康診断の結果，保健指導の記録 ・給与所得の源泉徴収票
	2	改ざんされると自社に深刻な影響，又は取引先や顧客に大きな影響がある。	・社内規程，事務処理要領 ・自社の独自技術，ノウハウ ・設計データ（原本）
	1	改ざんされると事業に影響がある。	・受発注情報，決済情報，契約情報 ・設計データ（印刷物）
	0	改ざんされても事業に影響はない。	・廃版製品カタログデータ
可用性	（省略）		

A社は，自社のWebサイトをインターネット上に公開している。A社のWebサイトは，自社が取り扱う分析機器の情報を画像付きで一覧表示する機能を有しており，主にA社で販売する分析機器に関する機能の説明や操作マニュアルを掲載している。A社で分析機器を購入した顧客は，A社のWebサイトからマニュアルをダウンロードして利用することが多い。A社のWebサイトは，製品を販売する機能を有していない。

A社は，年次の情報セキュリティリスクアセスメントの結果を，表2にまとめた。

表2 A社のセキュリティリスクアセスメント結果（抜粋）

情報資産名称	説明	機密性の評価値	完全性の評価値	可用性の評価値	情報資産の重要度	脅威の評価値	脆弱性の評価値	リスク値
社内規程	行動規範や判断基準を含めた社内ルール	1	2	1	2	1	1	2
設計データ（印刷物）	A社における主力製品の設計図	（省略）						
自社Webサイトにあるコンテンツ	分析機器の情報	a1	a2	2	a3	2	2	a4

設問　表2中の a1 ～ a4 に入れる数値の適切な組合せを，aに関する解答群から選べ。

aに関する解答群

	a1	a2	a3	a4
ア	0	0	2	8
イ	0	1	2	8
ウ	0	2	1	4
エ	0	2	2	8
オ	1	0	2	4
カ	1	1	2	8
キ	1	2	1	4
ク	1	2	2	8

解説

リスクアセスメントの手順を示しながら，それを算出させるタイプの設問です。机上知識として学ぶことが多いリスクアセスメントを実体験させる狙いがある良問といえます。

空欄a1で機密性の評価値，a2で完全性の評価値，a3で情報資産の重要度が問われています。問われている対象の情報資産が「自社Webサイトにあるコンテンツ」であることに注意しましょう。評価基準は表1に示されているので，本文と照らし合わせることで正答を導けます。

機密性については，自社Webサイトにあるコンテンツは公開情報しか掲載していないので，評価値は0になります。

完全性については，顧客がダウンロードするマニュアルが含まれているため，「顧客に大きな影響がある」と説明されている評価値2が該当します。

空欄a3は情報資産の重要度で，図1によれば情報資産の機密性，完全性，可用性の評価値の最大値です。機密性は0，完全性は2，可用性も2ですから，重要度は2になります。

a4はリスク値ですが，これも導き方が図1で説明されています。情報資産の重要度×脅威の評価値×脆弱性の評価値です。表2から数値を当てはめれば，2×2×2＝8であることがわかるので，正答はエです。

解答：エ

04 リスク対応

出題ナビ

リスクを明らかにした次のステップとして，どのような対応をするかの4類型です。実務でも重要なポイントですので，単に各類型の説明ができるだけでなく，どの状況でどの対応をすればよいかを説明できるようにしましょう。被害額と発生頻度によって，どの対応が最適かを判定できます。

リスク対応（リスクコントロール）の手段

重要

リスクが評価できたら，次はリスクに対応していきます。大きく4つの対応方法に分類することができます。リスク対応をした後に残ったリスクを**残留リスク**と呼びますが，これを受容水準以内に収めるわけです。

● リスク回避

リスク回避とは，リスクのある資産や活動をなくしてリスクを回避する方法です。例えば，叩かれると嫌だからSNSは引退しようといった解決策です。根治的な対策ともいえますが，副作用も大きい方法です。SNSの楽しみがなくなります。

● リスク移転（共有）

リスク移転（共有）は，リスクを別の組織に引き受けてもらおうという解決策です。リスク移転の典型例は**保険**です。リスクのある業務をアウトソーシングするやり方もあります。

● リスク低減

一般的にセキュリティ対策といえば，これをイメージする人が多いです。**リスク低減**は，防火壁や頑丈な鍵やウイルス対策ソフトを導入して，少しでもリスクを小さくする活動です。

● リスク保有

リスク保有は，リスクをそのまま持ち続けるやり方です。リスクが小さいので無視できたり，あまりにも大きいので対処のしようがなかったり，損失額より対策費のほうが大きい場合などに適用されます。リスク受容水準を下回ったリスクは保有するわけです。

JIS Q 31000:2010における残留リスクの定義はどれか。

ア　監査手続を実施しても監査人が重要な不備を発見できないリスク
イ　業務の性質や本来有する特性から生じるリスク
ウ　利益を生む可能性に内在する損失発生の可能性として存在するリスク
エ　リスク対応後に残るリスク

解説　リスク対応を行ったあとに残ったリスクを，残留リスクといいます。エが正答です。

解答：エ

合格のツボ

- **リスク保有は，リスクを知った上で保有している**
- **気付かず持ち続けているリスクは，リスク保有ではない**

4つの対応策は，リスクの被害額と発生頻度により，どれを選択すればよいか概ね決定することができます。

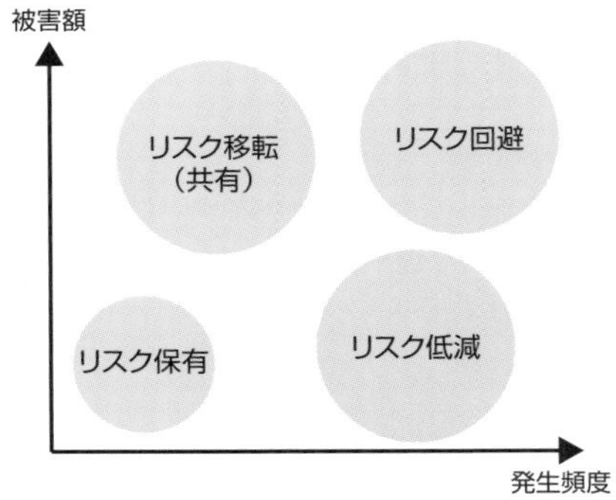

事業継続計画

事業継続計画（Business Cotinuity Plan：**BCP**）は，インシデント発生時でも事業を継続させる計画のことです。甚大な災害やテロが生じた場合などでも，事業を継続することが求められます。事業の継続性が，その企業の成否に直結するようになったのです。

事業継続計画（BCP）……事業を継続させるための計画。普段からやっておくこと，災害時にやることが書いてある
事業継続管理（BCM）……事業継続計画を実行するための組織と実践

BCPって何が書いてあるんですか。非常持出袋に入れるものとか？

従業員の連絡先リストから，遠隔地バックアップ計画まで多岐にわたりますよ。

こんな問題が出る！

事業継続計画（BCP）について監査を実施した結果，適切な状況と判断されるものはどれか。

ア　従業員の緊急連絡先リストを作成し，最新版に更新している。
イ　重要書類は複製せずに1か所で集中保管している。
ウ　全ての業務について，優先順位なしに同一水準のBCPを策定している。
エ　平時にはBCPを従業員に非公開としている。

解説
ア　正答です。常に最新の状態を維持します。
イ　集中させると，災害時の喪失リスクが高まります。
ウ　優先順位をつけ，重要業務を守ることが必要です。
エ　計画をみんなで共有して，即応できる体制を整えます。

解答：ア

覚えにくいを覚えやすく

BCPとコンティンジェンシープラン

・BCP……事業を継続させるためのあれやこれやの計画。長期的
・コンティンジェンシープラン……緊急時にどうすればいいかの計画。短期的

● リスクヘッジ

リスクヘッジはリスクを小さくするための防止策のことですが，本試験では主にリスクを分散させることの意味で使われます。

● リスクファイナンス

リスクファイナンスは，リスク対応と対になる用語で，リスクに対する金銭的な手当をすることです。リスク移転とリスク保有に分けられます。お金を捻出する方法としては，リスク移転（保険）がすぐに思い浮かびますが，自己資金で手当てするリスク保有も忘れないようにしましょう。

● 情報化保険

損害賠償が発生したとき，SNSが炎上したときなど，さまざまなケースに対応する保険商品が登場しています。

科目Bはこう出る！

〔D事業所のレイアウト変更〕

F社は，今年，通販事業部を新設し，消費者に直接通信販売する新規事業を開始した。通販事業部は，本社から離れた所にある平屋建てのD事業所を卸事業部とともに使用している。D事業所では，卸事業部の人数と通販事業部の人数を合計して40名の従業員が働いている。これまでF社は，個人情報はほとんど取り扱っていなかったが，通信販売事業が順調に拡大し，複合機で印刷した送り状など，顧客の個人情報を大量に取り扱うようになってきた。そこで，通販事業部のN部長は，情報セキュリティを強化するために，オフィスレイアウトの変更を本社の総務

部に依頼することにした。

…中略…

〔新たなオフィスレイアウトでの業務観察〕

レイアウト変更の工事が終了し，新たなオフィスレイアウトでの業務が開始された。N部長は，D事業所の情報セキュリティリーダである通販事業部のW氏に，新たなオフィスレイアウトにおける業務運用に情報セキュリティ上の問題がないかどうかを改めて確認し，問題がある場合は改善の提案をするように指示した。W氏が新たなレイアウトでの業務を観察したところ，表1に示す三つの問題点が発見された。

表1　W氏が発見した問題点

問題点番号	問題点
問題点1	共用エリアの複合機で，個人情報を含む文書を印刷した後，その印刷物をそのまま放置している。
問題点2	通販事業部が，ファックスで受信した注文書，商品発送時の送り状の控えなど，個人情報が記録された紙媒体を大量に保有しているが，十分な管理がされていない。
問題点3	通販事業部エリアへの入室時に，通販事業部の従業員同士による共連れが行われている。

そこでW氏は，各問題点に対する改善案を自ら検討し，あわせて，業務に日々従事しているD事業所の従業員からも意見を広く募り，それらを取りまとめることにした。

…中略…

共連れの改善策を実施してから2週間後，W氏は，効果を検証したいと考え，総務部から1か月間の入退室ログを取り寄せ，共連れだと思われるログを抽出し，抽出されたログを基に，該当する従業員に共連れをしていないかどうかを確認した。その結果，改善策実施前と比べると件数は減少していたものの，まだ時々共連れが行われていることが分かった。次はN部長とW氏の会話である。

N部長：まだ共連れが行われているな。②現状のままにするという対応もあるが，他に方法はないだろうか。

W氏　：③アンチパスバックを有効にするように総務部から勧められています。

N部長：それはいいな。早速総務部に依頼して有効にしておいてくれ。

W氏　：分かりました。加えて，共連れ防止ゲートを導入すれば，更に効果があると思います。

N部長：でもそれは費用がとても掛かるらしい。共連れによるリスクを考慮すると，そこまではしなくてよい。

W氏　：万が一，個人情報が漏えいした場合に備えて，④個人情報漏えい保険に加入するというのはどうでしょうか。

N部長：そのような保険があるとは知らなかったよ。保険の件は，アンチパスバックの設定の効果を検証した後に，やはり必要であれば検討することにしよう。

W氏　：分かりました。

N部長：リスクをゼロにしようとしたら，⑤事業をやめるしかない。事業を行っている限りリスクは付き物だ。

…中略…

設問　本文中の下線②～⑤は，それぞれ，リスク対応のどれに相当するか。解答群のうち，最も適切なものを選べ。

②～⑤に関する解答群

ア	リスク回避	イ	リスク共有
ウ	リスク集約	エ	リスク認知
オ	リスク発生可能性の低減	カ	リスク保有

解説

②現状のままにするという対応　→　リスク保有。「現状」，「まま」がキーワード

③アンチパスバックを有効にする　→　リスク低減。技術的な施策で，リスクを減らそうとしている。アンチパスバックは，入室していないと退室できないといった矛盾管理のしくみ。「共連れ」（IDを持った人と一緒に出入りする）を防止する措置。

④個人情報漏えい保険に加入　→　リスク共有（移転）。「保険」がキーワード

⑤事業をやめる　→　リスク回避

解答：②：カ，③：オ，④：イ，⑤：ア

ISMS

05 ISMSとは

出題ナビ

日本で進められているセキュリティ対策の中核をなす考え方の1つなので，繰り返し出題されています。今後もその傾向が続くでしょう。ISMSの基本的な考え方，関連する規約，構築のしかた，経営者と社員に求められることが出題ポイントです。

ISMS策定の経緯

情報セキュリティを維持するためには，属人的でないシステマティックな取り組みが必要です。そのためのしくみが**ISMS**（**情報セキュリティマネジメントシステム**）で，このしくみを利用して情報セキュリティを管理していくことが情報セキュリティマネジメントです。

ISMSによって，文書に有効期限や見直し期限を設けたり，見直しのきっかけとなる事柄を定めたりすることで，情報セキュリティマネジメントのアップデートを強制します。こうすることで、情報セキュリティの実施形態を常に最新の事情にあった形に適合させることができるのです。

ISMSは組織や業務の実状にあわせて構築する必要がありますが，一から作るのは大変です。構築と運用のガイドライン／認証規格として国際的に定められているのが**ISO/IEC 27000シリーズ**で，日本向けに和訳したものが**JIS Q 27000シリーズ**です。

- **JIS Q 27001**……ISMSにはこれとこれが必要だぞ，といってくる要求事項。認証規格。ISMSがこれにそってきちんと作られていると認証（お墨付き）をもらえる（もらわなくてもよい，お金もかかる）。
- **JIS Q 27002**……ガイドライン。27001に沿って具体的な管理策を作るときのお手本

ISO/IEC 27701

ISMSのもとになるISO/IEC 27001とISO/IEC 27002を拡張したものです。プライバシー保護のための認証基準とガイドラインが定められました。

- **JIS Q 27014**……情報セキュリティガバナンスとは何かを定義した規約

ISMSの構成

ISMSには，組織，リーダーシップ，計画，支援（会社はISMSを支援せよ，ということ），運用，パフォーマンス評価，改善が必要だと定められています。認証を受ける場合は全部揃っていないといけません。

計画，改善などと入っていることでもわかるように，PDCAサイクルが強く意識されています（最近ちょっとトーンダウンしていますが）。本試験でも，超狙われます。

合格のツボ

- **ISMSの根っこにはPDCAサイクルがある。セキュリティは面倒。放っておくと死文化する**
- **下流工程はとくに大事。みんなチェックや改善はしたくない**
- **経営層／社長が関わらないとうまくいかない**
- **普段の仕事のしくみから乖離している対策はダメ**

社長が？ セキュリティとか詳しくないでしょう。

セキュリティは仕事の邪魔になることもあります。社長の威を借りないとやる人がいないんですよ。セキュリティは網羅性，統一性が重要なので，「えらい人」が入っていないと，うまく進まないんです。

3ステップで覚える！

組織の管理下で働く人々に求められる認識

① セキュリティ方針
② ISMSへの貢献
③ 違反するとどんな不具合が起こるかを認識せよ

こんな問題が出る！

JIS Q 27001:2014（情報セキュリティマネジメントシステム—要求事項）において，組織の管理下で働く人々が認識をもたなければならないとされているのは，“ISMSの有効性に対する自らの貢献”及び“ISMS要求事項に適合しないことの意味”と，もう一つはどれか。

ア　情報セキュリティ適用宣言書
イ　情報セキュリティ内部監査結果
ウ　情報セキュリティ方針
エ　情報セキュリティリスク対応計画

解説　管理下で働く人々が知るべきことですので，ウが該当します。適用宣言書や監査結果，対応計画は管理側が踏まえておくべき事項です。

解答：ウ

ISMS

06 情報セキュリティポリシ

出題ナビ

情報セキュリティマネジメントシステムと情報セキュリティポリシが対になるものであること，一般的には階層化された文書として作られることをおさえましょう。上位の文書ほど抽象的，下位の文書ほど具体的です。具体的な文書は陳腐化も早いので，頻繁に更新することになります。

情報セキュリティポリシとは

情報セキュリティポリシは，ISMSを構築・運用していくために作成する文書です。マネジメントのしくみを作るにはポリシが必要ですし，ポリシを実践するためにはマネジメントが必要です。マネジメント下でポリシが作られ，ポリシに定められた改善規定がマネジメントを更新します。この2つは車輪の両輪のように機能します。

情報セキュリティポリシの3階層

情報セキュリティポリシは，階層構造をとるのが一般的です。IPAが示しているモデルは**3階層**になっています。

- 情報セキュリティ**基本方針**　Why　なぜやるのか書く
- 情報セキュリティ**対策基準**　What　何をやるのか書く
- 情報セキュリティ**実施手順**　How　どのようにやるのか書く

全部をセキュリティポリシと呼ぶこともあれば，図のようにポリシとプロシージャに2分割したり，対策基準をスタンダードと呼んで各々区別することもあります。文脈によって読み替えてください。

PDCAサイクル

仕事の継続的な改善のためのしくみです。たいていの仕事はやりっぱなしになるので，Plan（計画），Do（実施），Check（点検），Action（見直し改善）を意識的に繰り返して組織と業務手順を育てます。

合格のツボ

- **ピラミッドの面積と，文書量は比例している！**
- **基本方針は長持ち，実施手順はくるくる入れ替わる**
- **基本方針は顧客の信用を得るためなどに使い，公開する**
- **細かい対策基準と実施手順はひ・み・つ**
- **守れないような厳しいポリシは，死文化する**

階層化ってややこしいです……

むしろわかりやすいですよ。憲法～法律～条例も階層化されていますよね。上位の決まりに下位の決まりが従う関係です。

セキュリティポリシは決して独立した文書体系ではなく，社内の他の規定と整合性を保つことが重要です。例えば，罰則規程がすでにある場合，セキュリティポリシで決めなくても，それを参照すればOKです。

セキュリティ委員会

ISMSを運用していく組織は，経営者の下に**CISO**（情報セキュリティ責任者），**セキュリティ委員会**が置かれ，そこから独立する形で監査部門があるのが一般的です。セキュリティは全社にまたがった網羅的な活動ですから，セキュリティ委員会には各部門から委員を出します。経営層のコミットメントが非常に重要です。

ISMS

情報セキュリティポリシ各文書の特徴

出題ナビ

基本方針＝経営層＝なぜ，対策基準＝部門＝何を，実施手順＝現場＝どうやって，の関係をまず理解しておきましょう。これさえ覚えておけば，変化球的な出題にも対応できます。経営者のコミットも重要で，担当者任せではダメな旨が出題されます。

各セキュリティポリシの特徴

- **情報セキュリティ基本方針……書かれる内容！ Why：経営層**

なぜ情報セキュリティに取り組むのかを示す文書です。

・経営者がコミットして作る
・目標，それを達成するための行動指針を社内，社外に高らかに宣言
・何をどこまで守り，誰が責任を取るのか
　例）　顧客の情報を守るぞ！

- **情報セキュリティ対策基準……書かれる内容！ What：部門**

何をすればいいのかを示す文書です。基本方針を具体化します。

・基本方針に準拠して作る
・いわゆる規程類がここに入る。就業規定とか人事規定とか
・すでにある規定は積極的に活用
・規定の適用範囲や対象者は明確に
　例）　顧客の情報を守るために２要素認証を必須化します

- **情報セキュリティ実施手順……書かれる内容！ How：現場**

実際に作業を行うときのマニュアルです。

・詳細な仕事の手順を書く
・文書量は膨大になる
・文書の書き換えも頻繁に起こる。ソフトの更新などに対応するため
・昔の文書も読みたくなるので，世代管理も大事
　例）　２要素認証の登録は，https://example.com/からどうぞ

基本方針は公開するんですよね？

そうですね，取引先の企業などに方針を示す役割がありますから。最近では就活前に基本方針をチェックしていく学生も多いです。

で，対策基準と実施手順は非公開と。全部公開すればいいのに。何かやましいことでもあるんですか？

基本方針はイメージというかビジョンですからね。みんなに示して，「やってるよ！」，「信用してね！」感を出すのが大事です。具体的な対策基準や実施手順は，公開してしまうと攻撃者の手がかりになってしまいます。

こんな問題が出る！

情報セキュリティポリシに関する文書を，基本方針，対策基準及び実施手順の三つに分けたとき，これらに関する説明のうち，適切なものはどれか。

ア　経営層が立てた基本方針を基に，対策基準を策定する。
イ　現場で実施している実施手順を基に，基本方針を策定する。
ウ　現場で実施している実施手順を基に，対策基準を策定する。
エ　組織で規定している対策基準を基に，基本方針を策定する。

解説

ア　正答です。基本方針が最初に作る文書で，経営層がコミットします。これをもとに，対策基準，実施手順の順で策定します。
イ　基本方針からトップダウンで作っていきます。ボトムアップ型の作業ではありません。
ウ　イと同様です。
エ　イと同様です。選択肢の中でトップダウンの形になっているのは，アだけです。

解答：ア

セキュリティポリシの作り方

● 基本方針

ポリシはその組織の事情に沿って自由に作ればいいのですが，あまりにフリーに作ると読む人が困惑したり，作る方も迷ってしまったりします。一般的には標準化されたひな形や，うまくいっている他社（ベストプラクティス）を参考に作ることが多いでしょう。

例えばIPAのサイトに行くと，中小企業向けの情報セキュリティポリシサンプルへのリンクが張られています。一度見ておくとよいでしょう。

https://www.ipa.go.jp/security/guide/sme/about.html

➔ こんな問題が出る！

JIS Q 27000では，情報セキュリティは主に三つの特性を維持することとされている。それらのうちの二つは機密性と完全性である。残りの一つはどれか。

ア　可用性　　イ　効率性　　ウ　保守性　　エ　有効性

解説

いわゆる情報のCIAはJIS Q 27000で定義されています。機密性，完全性，可用性です。

解答：ア

● 対策基準

対策基準もひな形を用いたベースラインアプローチを使うことが多いでしょう。むしろ文書量が増える対策基準こそ，ベースラインアプローチを使いたいところです。

ここでよく使われるひな形として，国際規約ISO/IEC 27002を和訳した**JIS Q 27002**があります。

事業の事情に合わせて柔軟に策定・運用するのがセキュリティポリシのキモですから，ひな形をそのままコピペする必要はありません。削ってもいいし必要に応じてひな形にない管理策を足してもOKです。

ただし，ISMSへの適合性を宣言し，認証を得るのであれば，JIS Q 27001の要求事項はすべて入っている必要があります。

基本方針と対策基準の違い

基本方針
・公開！
・基本方針はA4で 1～2枚程度
・基本方針はかなり長い間使う

対策基準
・非公開！
・対策基準はかなり長い
・対策基準は組織改編などがあると変更になる

● 実施手順

実施手順はマニュアルにあたりますので，各部署や各担当者が構築していきます。基本方針，対策基準には経営層のコミットメントが必要ですが，実施手順まで「経営者が出席するセキュリティ委員会で決定」，「理事会の承認が必要」などとやっていると，経営のスピード感を著しく削ぎます。

そのため，実施手順は部門ごとシステムごとに作られ，最終的な承認も部門長などが行うことが多くなります。

対比して覚える！

対策基準と実施手順の違い

対策基準
・長い
・文書の寿命は中くらい。組織改編や規程類の変更，新たな脅威の発見などのタイミング

実施手順
・もっと長い
・寿命は最短，OSやアプリの更新，取引先の変更，業務手順の変更，新たな脆弱性の発見があるごとに変更される

合格のツボ

- セキュリティポリシは，基本方針だけを指す場合がある
- 3つ全部ひっくるめて「ポリシ」といっているのと混同しないよう注意

08 CSIRT

出題ナビ

CSIRTはセキュリティ事故（インシデント）に対応するチームのことです。できるだけ多くの企業に作ってほしいと考えられているため，継続的に出題されるでしょう。名前と役割をしっかり理解しておきましょう。国家レベルの組織から企業内チームまで，規模は違えどすべてCSIRTと呼びます。

CSIRT（シーサート）

CSIRTとは，セキュリティインシデントが発生したときに，それに対応する組織の総称です。特定の組織を指すわけではありません。日本では**JPCERT/CC**が圧倒的に有名で，「あっ，雲の上の人たちの集まりか」と誤解してしまいがちですが，事故対応チームですから各組織／会社にあってもいいわけです。

JPCERT/CCって，人外魔境みたいなセキュリティ技術を持つ人たちの集まりなんですよね？

はぁ，エリートの集まりではありますね。

え，そんな人たちのことにふれたら消されてしまう…。個人情報というよりもむしろ人生を。

……陰謀史観ものの読み過ぎです。CSIRTって，本来どの企業も持つべきものなのです。

● CSIRTの仕事

インシデントが発生したときに初動対応するのが主任務ですが，インシデントを起こさないように脆弱性の情報を収集したり，インシデント対応後に原因を分析して，改善策を練ったりするのも仕事です。

● JPCERT/CC

JPCERT/CCは，日本のCSIRTの親玉です。NISCが行政機関を相手にしているのに対して，広く民間や個人を対象に各種報告の受付，手口の分析や助言をしています。

合格のツボ

CSIRT運用の注意点

- **CSIRTの存在を知らしめ，事故が起きたらCSIRTに連絡！という意識をつくる。セキュリティを報告する「窓口」**
- **すべての事故に独力対処する必要はなく，手に負えなかったら外部機関と連携する**

こんな問題が出る！

CSIRTの説明として，適切なものはどれか。

ア　IPアドレスの割当て方針の決定，DNSルートサーバの運用監視，DNS管理に関する調整などを世界規模で行う組織である。

イ　インターネットに関する技術文書を作成し，標準化のための検討を行う組織である。

ウ　企業内・組織内や政府機関に設置され，情報セキュリティインシデントに関する報告を受け取り，調査し，対応活動を行う組織の総称である。

エ　情報技術を利用し，宗教的又は政治的な目標を達成するという目的をもった人や組織の総称である。

解説

ア　ICANNについての説明です。

イ　IETFについての説明です。

ウ　正答です。CSIRTついて説明しています。

エ　ハクティビストについての説明です。

解答：ウ

内閣サイバーセキュリティセンター（NISC）

サイバーセキュリティ基本法（→第4章03参照）を根拠として，内閣にサイバーセキュリティ戦略本部が置かれ，それと期を同じくして内閣官房に内閣サイバーセキュリティセンターが置かれました。JPCERT/

CCと並んで日本のCSIRTの親玉です。行政機関の情報システムの監視と保護が主任務です。

JVN

JVN（Japan Vulnerability Notes）は，JPCERT/CCとIPAが運営している**脆弱性情報データベース**です。発見した脆弱性を収集・整理し，番号をつけて管理します。脆弱性情報は対応策とともにWebで公開され，セキュリティ担当者が参照して対策に活用できるようになっています。

ただし，脆弱性があっても対応策が登場するまでそれを公表しないこともあります。弱点の指摘だけでは，攻撃者に手がかりを与えて利するのみになってしまうからです。

こんな問題が出る！

情報セキュリティ管理を行う上での情報の収集源の一つとしてJVNが挙げられる。JVNが主として提供する情報はどれか。

ア　工業製品などに関する技術上の評価や製品事故に関する事故情報及び品質情報
イ　国家や重要インフラに影響を及ぼすような情報セキュリティ事件・事故とその対応情報
ウ　ソフトウェアなどの脆弱性関連情報や対策情報
エ　日本国内で発生した情報セキュリティインシデントの相談窓口に関する情報

解説　JVNとは脆弱性情報を集めたデータベースで，ポータルサイトで公開されています。

解答：ウ

SOC

SOC（Security Operation Center）は，**セキュリティ機器の選定，調達や運用**を行います。CSIRTが窓口なのに対して，SOCは裏方といったイメージです。もちろん両者は連携して仕事にあたります。

09 システム監査

出題ナビ

セキュマネ試験では被監査者視点での出題が目立ちます。監査というと専門家の活動のように思われますが，被監査者が協力してはじめて実現します。監査の目的，流れ，被監査者側が協力すべきことなどを中心に理解してください。監査者が行うのはあくまで助言で，改善の主体は被監査者にあります。

システム監査とは

情報システムが経営に役立っているか，ステークホルダに説明責任を果たせるか確認する活動です。内部統制を実現するための重要な活動で，いくつかの分類方法があります。

● 監査する組織による分類

内部監査	自社内の監査部門が実施する ○：手軽で低コスト，自社の事業がよくわかっている ×：監査人の独立性を確保するのが難しい
第三者監査	中立な外部機関が実施する ○：専門性が高く高スキル ○：独立性を確保しやすい ×：高コスト，監査される側の事情に詳しいとは限らない

合格のツボ

- **内部監査と第三者監査はどちらがいいとかの話ではなく，状況にあわせて両方やる**
- **監査はPDCAサイクルのCにあたる重要な活動**

● 対象による分類

システム監査	情報資産に対して行われる監査
セキュリティ監査	その中でも，セキュリティに着目して行われる監査

目的による分類

助言型監査	監査対象の問題点を明らかにして，それを改善することが主目的
保証型監査	監査対象が，認証基準などの尺度と照らし合わせて適格であるか確認することが主目的

監査人

監査を行う人には多くの資質が要求されます。システム監査基準にまとめられています。

監査人に必要な条件

・目的と権限は，明文化される
・独立性，客観性と職業倫理
　→**外観上の独立性**……監査対象からの独立
　→**精神上の独立性**……常に公平でいる
　→**職業倫理と誠実性**……にもとづき監査を行う
・適切な教育と経験に裏付けられた技能

内部監査って，独立してないですよね？

内部監査であっても独立性が大事です。監査人を被監査部門から外観上も精神上も独立させるのです。立場が弱いと仕事になりません。

システム監査人の仕事は，監査をして評価・報告・助言を行うことです。報告を受けて業務を改善していく責任は被監査部門にあり，重要な出題ポイントになっています。

合格のツボ

- **監査人は，監査して助言する**
- **被監査部門は，監査結果を受けて改善する**

監査活動の7プロセス

監査活動は7つのプロセスで構成されます。

1 監査開始	監査計画書を作成。目的，範囲，基準を決める
2 文書レビュー	規程類などを監査基準と比べてチェック
3 現地監査活動の準備	目視検査やインタビューの予定調整，チェックリストの作成
4 現地監査活動の実施	観察や面接で監査証拠を収集，監査調書にまとめる
5 報告	監査報告書を作って報告
6 監査終了	
7 フォローアップ	修正や是正処置を行った場合の確認

合格のツボ

- **報告は，監査依頼者に対して行う**
- **ふつうは経営陣。被監査部門ではない**

開始と終了が入っているので，実質的に覚えるべき順番は5つです。フォローアップが監査終了の後に来ている点に注意してください。クライマックスの現地監査（高難易度）に向けて，文書チェック→現地調整のように，難易度が低い方から進んでいくと覚えておきましょう。監査活動が終わらないと報告のしようがないので，報告は終了直前の活動になります。

被監査者側の対応

監査というと，つい萎縮したり敵対したりすることがありますが，本来監査とは業務をより安全に合理的に進めて行くための活動なので，監査人と被監査者は協力する必要があります。透明度の高い業務手順やログなどで，監査活動を支援します。

● CSA

CSAは統制自己評価と訳します。被監査者が行う自己点検のことです。

内部監査ってことですね？

間違えやすいのですが，内部監査のことではありません。内部監査は被監査部門や経営陣から独立した立場で行われますが，CSAは被監査者が行います。

複雑で流動的な情報システムやビジネスが一般的になっている現在，監査人がすべての業務に目を光らせるのは困難です。業務に精通した被監査者が自己点検を行うことで，これを補完します。また，当事者意識が高まることで，業務の安全性や効率性，信頼性が向上するとされています。

こんな問題が出る！

A社は学習塾を経営している会社であり，全国に50の校舎を展開している。A社には，教務部，情報システム部，監査部などがある。学習塾に通う又は通っていた生徒（以下，塾生という）の個人データは，学習塾向けの管理システム（以下，塾生管理システムという）に格納している。塾生管理システムのシステム管理は情報システム部が行っている。塾生の個人データ管理業務と塾生管理システムの概要を図1に示す。

- 教務部員は，入塾した塾生及び退塾する塾生の登録，塾生プロフィールの編集，模試結果の登録，進学先の登録など，塾生の個人データの入力，参照及び更新を行う。
- 教務部員が使用する端末は教務部の共用端末である。
- 塾生管理システムへのログインには利用者IDとパスワードを利用する。
- 利用者IDは個人別に発行されており，利用者IDの共用はしていない。
- 塾生管理システムの利用者のアクセス権限には参照権限及び更新権限の2種類がある。参照権限があると塾生の個人データを参照できる。更新権限があると塾生の個人データの参照，入力及び更新ができる。アクセス権限は塾生の個人データごとに設定できる。
- 教務部員は，担当する塾生の個人データの更新権限をもっている。担当しない塾生の個人データの参照権限及び更新権限はもっていない。
・共用端末のOSへのログインには，共用端末の識別子（以下，端末IDという）とパスワードを利用する。
・共用端末のパスワード及び塾生管理システムの利用者のアクセス権限は情報システム部が設定，変更できる。

図1　塾生の個人データ管理業務と塾生管理システムの概要

教務部は，今年実施の監査部による内部監査の結果，Webブラウザに塾生管理システムの利用者IDとパスワードを保存しており，情報セキュリティリスクが存在するとの指摘を受けた。

設問　監査部から指摘された情報セキュリティリスクはどれか。解答群のうち，最も適切なものを選べ。

解答群
ア　共用端末と塾生管理システム間の通信が盗聴される。
イ　共用端末が不正に持ち出される。
ウ　情報システム部員によって塾生管理システムの利用者のアクセス権限が不正に変更される。
エ　教務部員によって共用端末のパスワードが不正に変更される。
オ　塾生の個人データがアクセス権限をもたない教務部員によって不正にアクセスされる。

解説

A社は学習塾ですが，現役の塾生，過去の塾生の個人データを貯め込んでおり，それを業務に有効活用できる反面，流出したらえらいことになります。万全の対策をしなければなりませんが，内部監査によってWebブラウザに塾生管理システムの利用者IDとパスワードが保存されていることがわかったというシナリオです。

図1で塾生管理システムの概要を確認すると，「端末は教務部の共用端末である」と不穏なことが書いてあり，「共用端末のOSへのログインには，共用端末の識別子とパスワードを利用する」のところで顔面が蒼白になります。

つまり，共用端末には一応パスワードロックがかかっているものの，そのログインには端末の識別子が使われているため，教務部の人であれば誰でも使うことができ，何かやらかしても「誰が」やったかは追跡できないことになります。

塾生管理システムの利用者IDは個人別の発行で，しかも共用されていないことが図1からわかりますが，これらはWebブラウザに保存されているため，共用端末にさえログインできれば誰かになりすましてログインすることが可能です。

ア　アカウント管理の失敗によるなりすましリスクなので，盗聴は関係がありません。表1にも盗聴が関係する記述はありません。×

イ　固定器具などで対応するリスクですが，持ち出しに関係する記述はありません。×

ウ　図1の記述からやろうと思えばできるでしょうが，内部監査で指摘されているのは，「Webブラウザに塾生管理システムの利用者IDとパスワードを保存」することによって生じるリスクです。情報システム部員の不正とは関連しません。×

エ　図1によれば共用端末のパスワードを変更する権限は情報システム部が握っています。Webブラウザに保存されたパスワードで塾生管理システムにログインしても，変更することはできません。×

オ　まさにこのインシデントが心配されています。教務部員なら誰でも使える共用端末を介して，権限のない人が塾生管理システムにログインしてしまうわけです。○

解答：オ

第 3 章

情報セキュリティ対策

01 マルウェア対策

出題ナビ

ウイルス対策ソフトは重要なセキュリティ要素であるため，本試験でも頻出です。対策ソフトのしくみや限界，運用上気をつけることなどが出題ポイントです。感染させてしまった後の処理のしかたも問われますので，盲点にならないように対策しましょう。

マルウェア対策

マルウェアはさまざまな種類があります。古典的には，何かのプログラムに寄生してはじめて活動できるコンピュータウイルス（狭義のウイルス。「ウイルス」が悪意のあるソフトウェア全般に使われる用語になったため，区別のためにそう呼ぶ），単独で活動できるワームなどです。サイバー犯罪の広がりとともに様々な種類が登場しているので，代表的なものの名称と特徴はおさえておきましょう。

- **トロイの木馬**……有用なプログラムと見せかけて，実はマルウェア
- **マクロウイルス**……ワープロや表計算ソフトのマクロ機能を使ったマルウェア。ふだん使っている種類のファイルだけに，利用者が騙されやすい
- **スパイウェア**……利用者のパソコンやタブレットの情報を収集，外部に送信するタイプのマルウェア
- **ランサムウェア**……身代金目的のマルウェア。パソコンをロック，もしくは暗号化して，「ふたたび使えるようにしたければ，金を払え」とやる。もちろん，払ったからといって使えるようになる保証はない

ウイルス対策ソフト

マルウェアに感染すると大きな被害が発生するため，対策が必須です。対策の大きな部分を占めるのが**ウイルス対策ソフト**の導入と運用

です。慣例的にマルウェア対策ソフトとはあまり言いません。

● ウイルスの見つけ方

ウイルス対策ソフトは，ウイルスの見つけ方でいくつかに分けられます。それぞれの方法に長所と短所があるので，それをおさえておくことが大事です。

	ウイルスの見つけ方	難点
パターンマッチング法	捕獲したウイルスの特徴情報（ハッシュ値）をデータベース（シグネチャ，パターンファイル）に登録し，検査対象と比較することでウイルスを発見する。	未知のウイルスは見つけられない
ヒューリスティック法	ウイルスの行動の特徴（迷惑メールを大量に送信し始めたり，クレジットカード情報を探すなど）をリストアップして，それを起こすコードを持つソフトをウイルスと判断する方法。未知のウイルスでも発見できる可能性がある。	誤検知が多くなる
ビヘイビア法	サンドボックスなどの安全な環境で，実際にソフトを動作させてその振る舞いからウイルスの判定を行う方法。未知のウイルスでも発見できる可能性がある。	検出に時間がかかる。実装の難易度も高い

● ウイルス対策ソフトの限界と対策

多く使われているパターンマッチング法の場合，まだ発見されていないウイルスや対策を講じられていないウイルスには対応できません。ヒューリスティック法やビヘイビア法を併用することで，未知のマルウェアに対しても，丸裸になってしまうことを避けます。また新しいウイルスに対応したシグネチャが配布される都度，更新し続ける必要があります。

合格のツボ

ウイルス対策ソフトは
- **感染の確率を下げられるが，ゼロにはできない**
- **シグネチャの更新が必須**
- **セキュリティ教育などとの併用が不可欠**

感染後の対応

重要

感染はゼロにはできませんから，感染後の対応を覚えることも重要です。初動対応，復旧，事後処理の順で作業を行います。

手順で覚える！

感染後の対応手順

① **初動対応**　→とにかくネットから切り離す。隠さない
～シャットダウンは分析用の情報を取得するまで待つ！

② **復旧**　→OSの再インストールなど，完全に対応してから再接続
～雑な対処で二次感染が起こるのが最悪！

③ **事後処理**　→原因の特定と対応策の確立
～関係機関への届け出は，管理者の仕事！

コンピュータウイルス対策基準

ここでいうコンピュータウイルスはマルウェアの意味で，どのようなものがマルウェアであるかを定義（→第1章09参照）している意味において重要です。また，この基準ではマルウェアに対して各ステークホルダが何をすべきか（→第4章10参照）が示されています。

02 ファイアウォール

出題ナビ

試験で最も多くお目にかかるセキュリティ機器の1つで，気合いを入れて理解する必要があります。何を判断根拠として通信を制御するのか，どの種類をどの用途に使えばよいのかを中心に学習してください。ファイアウォールは境界に置かれます。そこに区分けが必要な理由を考えましょう。

ファイアウォール

ネットワークの境界に防壁として設置するセキュリティ機器です。技術的な対策の基本で，必ず出てきます。内部LANとインターネットの間，内部LANとDMZの間など，ネットワークとネットワークの間に置かれると覚えてください。内部（安全）と外部（危険）を区別して，危険が内部に流入しないようにするのが役目です。

インバウンド	【外部→内部の通信】ここで**危険なパケットを通さないのが基本**
アウトバウンド	【内部→外部の通信】個人情報や**機密情報の漏えいや，悪意のある外部マシンとのパケットを検査**

パケットフィルタリング型ファイアウォール

パケットのヘッダ（宛先情報）部分を見て，通信の可否を判断するタイプのファイアウォールです。どの情報を見るかで，さらに区別することもあります。

● フィルタリングに使う手がかりで区別

	判断情報	特徴
レイヤ3フィルタリング	IPアドレス	実装は簡単，コンピュータ単位で通信の可否を管理できる
レイヤ4フィルタリング	IPアドレス＋ポート番号	実装は簡単，アプリケーションやサービス単位で，通信の可否を管理できる
レイヤ7フィルタリング	アプリデータの中身	実装は面倒。負荷も大きい

● フィルタリングのやり方で区別

	やり方
静的フィルタリング	OKやNGのIPアドレスやポート番号を**固定的に設定**。NGな情報を登録する**ブラックリスト方式**と，OKな情報を登録する**ホワイトリスト方式**がある
動的フィルタリング	許可されている通信への返信は許可すべきだ，といったことを自動的に判断する。この場合，返信時以外は通信を拒否するので，安全性も向上
ステートフルインスペクション	「通信××の手順は▲▲だから，○パケットの次に■パケットが来ないのはおかしい，遮断しよう！」といった具合に通信の流れ（文脈）を根拠に通信の可否を判断する

アプリケーションゲートウェイ型ファイアウォール

レイヤ7，すなわちアプリケーション層の情報を用いて，通信の可否を判断するタイプのファイアウォールです。アプリケーションデータの中身にまで踏み込んで検査を行うため精密な通信管理が可能となりますが，その分検査項目が増えて，機器への負担は大きくなります。

合格のツボ

ファイアウォールは

- **ネットの境界部分で自分を通過するパケットを検査する**
- **通すべきでないと判断したパケットは，破棄する**
- **判断の根拠によって，いくつか種類がある**

SAML

利用者の認証情報をXML形式で記述する認証プロトコルです。異なるドメインに属するサーバ間で認証情報をやり取りすることができ，シングルサインオン（SSO）や利用者IDの連携に使われています。

▼シングルサインオンで利用する技術

クッキー	同一ドメインでしか利用できない
リバースプロキシ	導入時にネット構成の変更が必要。認証にデジタル証明書が使える
SAML	ドメインをまたいだ大規模なシステムで使える

ゼロトラスト

「誰も信じない」というセキュリティモデルです。これまでのファイアウォールを使ったモデルは境界線を定め，外側は危険，内側は安全とし，境界線を守っていました。しかし，雇用の流動化や内部犯の増加などでこのモデルが機能しにくくなっています。そこで境界線型ではない，どんなノードも信用せず，利用時・接続時に必ずチェックするセキュリティモデルが現れました。境界の範囲が自分（自ノード）の周囲に限局化されたと考えることもできます。

こんな問題が出る！

a～dのうち，ファイアウォールの設置によって実現できる事項として，適切なものだけを全て挙げたものはどれか。

a　外部に公開するWebサーバやメールサーバを設置するためのDMZの構築
b　外部のネットワークから組織内部のネットワークへの不正アクセスの防止
c　サーバルームの入り口の設置することによるアクセスを承認された人だけの入室
d　不特定多数のクライアントからの大量の要求を複数のサーバに動的に振り分けることによるサーバ負荷の分散

ア　a，b　　イ　a，b，d　　ウ　b，c　　エ　c，d

解説　ファイアウォールはネットワークの境界上にチェックゲートとして設けるものです。外部からの不正侵入などをチェック／遮断すると同時に，内部と外部の中間に位置するDMZを作り，そこに公開サーバを置くことができます。仮に公開サーバが攻撃されても内部は隔離されています。

解答：ア

技術的セキュリティ対策

プロキシサーバとリバースプロキシ

出題ナビ

幅広く出題されるテーマです。午前問題でそのものずばりの意味を問われることも，科目Bでシナリオ問題の一部に組み込まれることもあり得ます。何かの問いの前提になることも多いので，なぜ使われるのか，どんなしくみになっているのかを理解しておきましょう。

プロキシサーバ

他のサーバの代理を行うサーバのことです。高速に通信を行う，安全に通信を行うために使われます。一般的にプロキシといえば，http通信の代理応答を行うWebプロキシ（httpプロキシ）を指すことが多いです。本試験では，どの種類のプロキシを指しているのか必ず確認しましょう。誰でも使えるプロキシは**公開プロキシ**と呼び，警戒することがあります。プロキシを中継した**踏み台攻撃**などが行われるからです。

合格のツボ

- **プロキシ設置の理由は，高速と安全**
  - **→ キャッシュによって高速な応答**
  - **→ 送信元の隠蔽と，プロキシによるコンテンツフィルタリングなどで安全性向上**
- **もっとも一般的なプロキシは，Webプロキシ**

どうして公開プロキシは要警戒なんですか？

プロキシの代理で本当の送信者がわからなくなることを理由に，攻撃者が利用することがあるからです。

リバースプロキシとシングルサインオン

リバースプロキシはクライアント側ではなく，サーバ側に設置するプロキシサーバです。クライアントからの接続要求を一手に引き受け，複数のサーバに振り分けます。負荷分散や，シングルサインオンを実現することができます。シングルサインオンは，複数のサーバにアクセスする際に，1つずつログインしなくても済むしくみです。リバースプロキシはその実現方法の1つです。

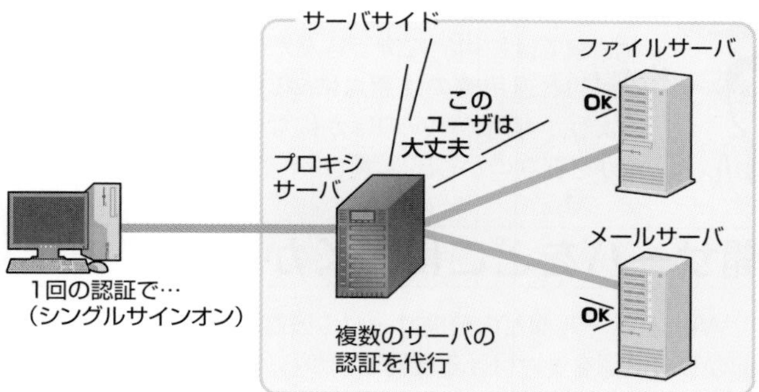

相違点で覚える！

- ふつうのプロキシは，クライアント側に設置
- リバースプロキシは，サーバ側に設置
- リバースプロキシの目的は，シングルサインオンか負荷分散

こんな問題が出る！

社内ネットワークからインターネットへのアクセスを中継し，Webコンテンツをキャッシュすることによってアクセスを高速にする仕組みで，セキュリティ確保にも利用されるものはどれか。

ア　DMZ　　イ　IPマスカレード（NAPT）
ウ　ファイアウォール　　エ　プロキシサーバ

解説　アクセスの中継，コンテンツのキャッシュがキーワードになっています。http通信に代理応答するWebプロキシが一般的ですが，他の通信の代理応答をするサーバももちろんプロキシサーバと呼びます。

解答：エ

04 DMZ

出題ナビ

セキュアな情報システムを構築するための基本的な技術です。本試験では技術的に突っ込んだ出題はありませんが，設置する目的と運用時の注意点については解答できるようにしましょう。専用のFWのほかになぜパーソナルファイアウォールが必要なのかも出題ポイントです。

公開サーバをどこに置くか

Webやメールなどの公開サーバの設置場所は悩ましい問題です。外部からの通信を受け付ける機器ですから，LANの内側に置けばLAN全体の防御水準が下がり，外側に置けば攻撃され放題です。

そこで，内側でも外側でもない**緩衝地帯**としての第三の場所，DMZを構成してそこに公開サーバを置きます。

DMZ

DMZはファイアウォール（FW）によって他の場所と区別されます。FWの置き方は各組織の事情により異なりますが，本試験の出題では次のような形が基本です。

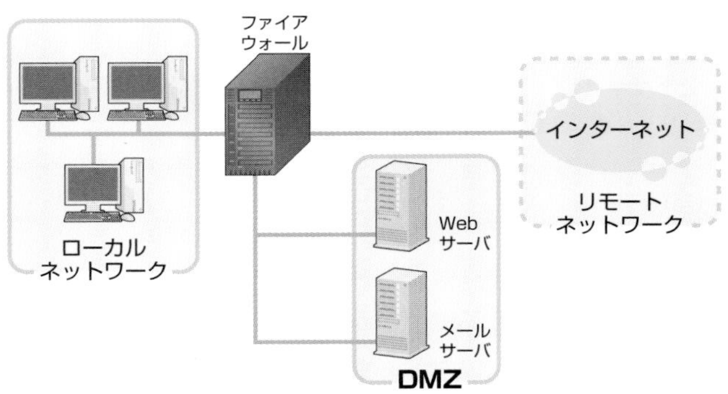

DMZの最大の目的は内部LANのセキュリティ水準を下げないことです。どのような形で構成するにしろ，外部やDMZから内部への通信はFWによって厳しくチェックします。外部からDMZへの通信は，公開すべきサーバに必要なものを許可することになります。

合格のツボ

- **DMZは内部でも外部でもない！**
- **DMZを切り離すことで，内部を守る！**

DMZは身内なのに，なんで内部への通信を制限するのですか？

内部よりは危険な場所ですから，外部→DMZ→内部といった踏み台攻撃に備えるためです。

その他のフィルタリング技術

● パーソナルファイアウォール

PCや携帯端末などにインストールして使うタイプのファイアウォールです。ウイルス対策ソフトなどとセットで提供されることも多い製品です。LANに専用のFWが設置されている場合でも，内部での感染拡大防止や情報漏えい防止などを目的に導入されます。

● コンテンツフィルタリング

通信内容を検査し，不適切と思われる通信を遮断する技術です。インバウンドに適用すると業務に関係のないサイトの閲覧などを，アウトバウンドに適用すると機密情報の流出などを防止できます。禁止ワードを設定する**ブラックリスト方式**と許可ワードを設定する**ホワイトリスト方式**にわけられます。

05

WAF

出題ナビ

Webアプリケーションに特化したファイアウォールです。多くのマルウェアや不正アクセスがWebサーバを攻撃対象とするため，それに対応した機器です。守るべき対象と，WAFの簡単な動作原理（ブラックリスト／ホワイトリストなど）を覚えておきましょう。

WAFとは

Webアプリケーションファイアウォールのことで，自社に設置したWebアプリケーションを守るのが目的の機器です。外部からのWebリクエストをいったんWAFで受け付けて，問題のある通信を遮断したり，無害なリクエストに置き換えた上でWebサーバに中継します。

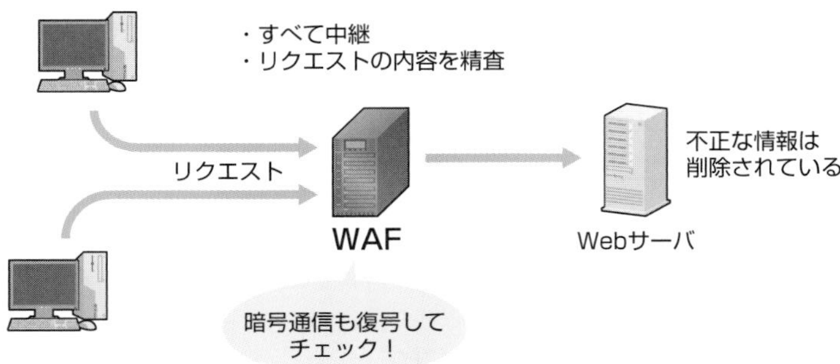
・すべて中継
・リクエストの内容を精査
リクエスト
WAF
不正な情報は
削除されている
Webサーバ
暗号通信も復号して
チェック！

通常のFWがパケットのヘッダ情報を見て，宛先に矛盾がないかなどを調べるのに対して，WAFは**パケットの中身**を見てWebアプリケーションに害がないかを調べます。

FWがあるのに今度はWAFですか。機器だらけですね。

守る対象が違うのでしかたないんですよ。統合型のセキュリティ機器もありますが，そもそも機能によっては設置すべき場所が異なるので，どうしても複数の機器が必要になります。

WAFはどんな方法で検査をする？

他の項目でも登場するホワイトリスト方式（ポジティブモデル）とブラックリスト方式（ネガティブモデル）が使われます。

ホワイトリスト	OKのパターンを登録	強固	めんどう
ブラックリスト	NGのパターンを登録	そうでもない	すぐ導入できる

OSI基本参照モデルの階層が高くなるほど，チェック項目が増えるのが一般的です。IPであれば宛先のチェックで済んだものが，HTTPを検査するWAFではアプリケーションに悪影響を及ぼす様々な要素を検査しなければなりません。WAFの導入がシステムのボトルネックになることもあります。

こんな問題が出る！

WAF（Web Application Firewall）におけるブラックリスト又はホワイトリストの説明のうち，適切なものはどれか。

ア　ブラックリストは，脆弱性があるWebサイトのIPアドレスを登録するものであり，該当する通信を遮断する。
イ　ブラックリストは，問題がある通信データパターンを定義したものであり，該当する通信を遮断又は無害化する。
ウ　ホワイトリストは，暗号化された受信データをどのように復号するかを定義したものであり，復号鍵が登録されていないデータを遮断する。
エ　ホワイトリストは，脆弱性がないWebサイトのFQDNを登録したものであり，登録がないWebサイトへの通信を遮断する。

解説　ホワイトリストとブラックリストの基本的な理解は前提として，WAFでは何を検査するかが問われています。WAFは自組織のWebアプリケーションの保護が目的ですから，問題のある通信パターンを検査することになります。

解答：イ

IDS

出題ナビ

ネットワークやホストがおかしな振る舞いをしていないかを監視するセキュリティ機器です。設置場所や検知法について整理しておけば，容易に得点源にすることができます。ネットワーク型は，パケットが取得できる場所に置かなければなりません。

IDSのしくみ

IDSとは情報システムへの脅威となる，不正な通信を発見するためのセキュリティ機器です。ネットワークを監視対象とする**ネットワーク型IDS（NIDS）**と，サーバなどにインストールしてそのマシンを監視対象とする**ホスト型IDS(HIDS)**があります。検知法の種類も出題対象です。MisuseもAnomalyも問われる可能性があります。

▼**検知法の比較**

	Misuse検知法	Anomaly検知法
検知対象	攻撃者の攻撃パターン	正常でない稼働パターン
導入	比較的簡単	運用開始までに時間がかかる
新種対応	対応できない	対応できる

ネットワーク型とホスト型，どっちがいいんですか？

どちらがいいという話ではないんですよね。監視したい対象によって使い分けます。

IPS

IDSを一歩進めたセキュリティ機器で，IDSが検知のみを行う（対応は，警報によってたたき起こされた管理者の仕事）のに対して，**IPS**は脅威を検知したのちに，ネットワーク遮断などの初動処理までを自動的に行ってくれます。一方で，コストや設定など，導入のハードルは高くなります。誤検知でネットワークを遮断してしまうことなども考慮しなくてはなりません。

IDS，IPS導入の検討

多段防御の考え方が浸透しているので常に検討したいです。自社のシステム内にたくさんの防壁を設け，ある機器が脅威を漏らしても，次の機器で対処することを狙います。FWと比べて，内部に直接持ち込まれたUSBメモリからの感染や，情報漏えいに効果があります。

覚えにくいを覚えやすく

IDSとIPS

IPS
細胞つくらず
ネット遮断

D→Pとアルファベット順が後ろの方が「進んだ機械」です。

- 侵入を検出（Detection）するだけのIDS
- 侵入を検出して初動対応（Prevention）までするIPS

こんな問題が出る！

NIDS（ネットワーク型IDS）を導入する目的はどれか。

ア　管理下のネットワークへの侵入の試みを検知し，管理者に通知する。
イ　実際にネットワークを介してWebサイトを攻撃し，侵入できるかどうかを検査する。
ウ　ネットワークからの攻撃が防御できないときの損害の大きさを判定する。
エ　ネットワークに接続されたサーバに格納されているファイルが改ざんされたかどうかを判定する。

解説　IDSは管理下の情報システムやネットワークを監視して，不正アクセスを監視します。NIDSはネットワークに設置するタイプで，ネットワークを監視対象とします。

解答：ア

技術的セキュリティ対策

対策機器の選び方

出題ナビ

たくさんありすぎて導入を迷ってしまうのがセキュリティ機器です。この節では「まとめる」視点で機器を見てみます。SIEMやUTMなどの技術が提案されていて，本試験でも見かけるようになりました。なぜまとめるのか？ まとめるに際しての障害はなにか？ を理解しましょう。

対策機器は何を選ぶのか

まず汎用機（PCなど）にインストールして使うもの，専用機器になっているものに二分できます。専用機器の方が高性能で，こちらも1つの機能に特化したアプライアンス製品と複数機能を持つUTMに分けられます。

SIEM

ネットワーク上に配置して，ネットワークを構成する**各機器のログを集約し，一元管理**するしくみです。ネットワーク上に散在する機器のログの集中管理は以前から取り上げられているテーマで，各ログの時刻合わせや大量ログによる業務遅滞などが設問されてきました。

それらに対するSIEMの相違点・特徴は，各機器間のデータを突き合わせて，単一のデータでは発見できなかった攻撃の予兆を自動的に発見できる能力です。

ログサーバにログを集中記録する方法は教科書で勉強しました！

syslogサーバですね。あれは運用の手間を省いたり，セキュリティの強固なマシンにログを集中することが目的でしたが，SIEMは複数の機器のログを比較することで微妙な不正の兆しを発見します。

UTM

統合脅威管理のことで，たくさんのセキュリティ機器を1つの筐体内に収めて1台で多くの脅威に対応する機器やサービスです。多くの機器を置けばコスト，手間，場所などを使いますので，1つにまとめたいのは企業の本音です。UTMであれば一般的なセキュリティ機器（FW，IDS，ウイルス対策，Web/メールフィルタリングなど）を一手に引き受けてくれます。

合格のツボ

- **ありすぎるセキュリティ機器を1つにまとめたUTM**
- **個別の性能では，個々の製品に後れを取ることも**

こんな問題が出る！

SIEM(Security Information and Event Management)の機能として，最も適切なものはどれか。

ア　機密情報を自動的に特定し，機密情報の送信や出力など，社外への持出しに関連する操作を検知しブロックする。
イ　サーバやネットワーク機器などのログデータを一括管理，分析して，セキュリティ上の脅威を発見し，通知する。
ウ　情報システムの利用を妨げる事象を管理者が登録し，各事象の解決・復旧までを管理する。
エ　ネットワークへの侵入を試みるパケットを検知し，通知する。

解説　SIEMは，多くのログデータを相互比較して，単一ログでは発見できないインシデントの兆候を発見するセキュリティ機器です。

解答：イ

技術的セキュリティ対策

08 不正入力の防止

出題ナビ

SQLインジェクションは不正データでシステムを誤作動させられる例として頻出です。どうして誤作動や乗っ取りが起こるのか，対策としては何があるのかを中心に理解しておけば大丈夫です。キーワードはエスケープ処理とプレースホルダです。

エスケープ処理とは

Webのフォームなど，利用者からのデータ入力を受け付けるしくみでは，不正な文字を入力されてシステムが誤作動したり乗っ取られたりするリスクがあります。例えば，こんなふうです。

ここの入力を受け付けている

表示命令（"あなたのお名前は［　　　］ですね"）;

素直に名前を入れてくれれば何の問題もありませんが，［"）; データ消去命令; 表示命令（"］などとされ空欄にはめ込まれると，文法的には誤りがないため，データの消去命令が実行されてしまいます。これを防止するために，安全上問題がある特殊な意味を持つ文字を，別の文字に置き換えることを，**エスケープ処理**といいます。

どんな文字を置き換えるんですか？

処理系によって違いますが，'　"　￥などですね。ただ，セキュマネ試験ではあまり深くは突っ込まれません。

SQLインジェクションの対策

SQLインジェクションは，フォームなどに不正データを入力して，SQLサーバを誤作動させる攻撃方法です。エスケープ処理が有効ですが，DBMSには**プレースホルダ**と呼ばれる対策があるので，使える場合はこれを優先します。プレースホルダはSQLインジェクションに対する強力な対策です。細かく分類すると，静的プレースホルダと動的プレースホルダに分けられます。

● 静的プレースホルダ

DBMSが**バインド処理**（下記「3ステップで覚える！」参照）を行います。セキュリティ上は最も望ましい形です。

● 動的プレースホルダ

DBMSはバインド処理を行わず，提供されるライブラリなどでバインド処理を行い，SQL文を作ります。それがDBMSに送られ構文解析されます。

合格のツボ

- **SQLインジェクションに限らず，利用者にデータを入力してもらうときには要注意**
- **入力データの無害化（エスケープ処理）は欠かせない**
- **SQLインジェクション対策は，一にも二にもプレースホルダ**

動的プレースホルダって，意味ないんじゃないですか？あとから構文解析してますよ！

確かにそうですが，何度もテストされたライブラリを使うので，自分でエスケープ処理のコードを書くより安心です。

3ステップで覚える！

静的プレースホルダ

①あらかじめSQL文を用意して構文解析を済ませてしまう（**プリペアドステートメント**）
②そのとき，利用者の入力データはまだないので，あとからはめ込む場所を用意しておく（**プレースホルダ**）
③データを入力してもらい，プレースホルダにはめ込む（**バインド**）
④もし不正データを入力されたとしても，構文解析はすでに終わっているので，変な命令に書き換えられたりしない！

技術的セキュリティ対策

09 情報漏えい対策

出題ナビ

科目Aで直接問われることもありますが，RASの構成を前提として科目Bのシナリオが組まれることがあり得るので，「こんなしくみでつながっているのか」ということを理解しておきたいです。公開部分と機密情報の切り離しは，他のテーマにも通じる重要な考え方です。

リモートアクセス

リモートアクセスとは遠隔地のコンピュータにログインして，利用する行為です。スマホなどの携帯情報端末を持つことが常態可し，業務の即時性や勤務形態の柔軟性が高まる中で，重要性が増しています。社屋のRAS（リモートアクセスサービス）サーバにインターネットなどを通じてアクセスし，在席時と同様に情報資源を使うことが一般化しました。

便利である反面，安易にシステムを構築すると攻撃者の不正アクセスを許してしまいます。

●リモートアクセスを伴う業務

・テレワーク　自宅やサテライトオフィスからの遠隔勤務
・SFA　外回りの営業をする人たちへの情報支援

認証サーバとは

各地に散らばった端末は，PPPなどの技術を使ってRASサーバにアクセスします。そこで認証が行われるわけですが，外部から直接アクセスできるRASサーバにIDやパスワードなどの認証情報を置くのは危険です。また，大規模なネットワークでは，各RASサーバに認証情報が散在すると管理が大変です。そこで，リモートアクセスを受け付けるRASサーバと認証を行う認証サーバを分離します。

● **EAP (Extensible Authentication Protocol：拡張認証プロトコル)**

広く使われてきたPPPを拡張して，多くの認証方式を使えるようにしたものです。TLSを使うEAP-TLSやEAP-PEAPなどがあります。

● **RADIUS (ラディウス)**

アクセスを受け付けるサーバ(RAS)と，認証を行うサーバを分離することで安全性を確保し，運用も楽にするプロトコルです。

● **Kerberos (ケルベロス)**

大規模なシステムでも使える認証のしくみです。一度認証してしまえば2回目，3回目の認証は自動的に行われる**シングルサインオン**に対応しています。グループに属しているサーバにシングルサインオンが可能で，このグループのことを**レルム**と呼びます。

SSH

SSHはリモートコンピュータ(離れたところにあるコンピュータ)にログインするためのセキュアプロトコルです。利用者やホストを認証し，通信経路を暗号化する機能を持っています。

また，SSHポートをインターネットに対して開放すること自体がリスクですので，一度DMZに置いたサーバやアクセスサーバにログインさせて，対象サーバにパケットを転送させることがあります。これをSSHポートフォワードといいます。

こんな問題が出る！

無線LANやVPN接続などで利用され，利用者を認証するためのシステムはどれか。

ア　DES　　イ　DNS　　ウ　IDS　　エ　RADIUS

解説　どれも基本的なプロトコルですので，単に正解を選べるだけでなく，各プロトコルの説明ができる水準になっているとよいでしょう。

解答：エ

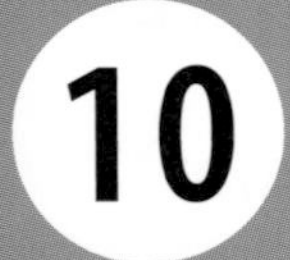

TLS

出題ナビ

HTTPを暗号化してHTTPS通信をするためのプロトコルですが，現在ではHTTPに限らず幅広い通信に使われています。暗号化だけでなく，サーバの認証も行われて安全な通信が行われる点に注意してください。サーバの認証には認証局が発行したデジタル証明書が使われます。

TLS

HTTPに暗号化と認証の機能を付加するために作られた技術がSSLで，後に標準化されTLSになりました。TLSを使った通信をHTTPSと呼んでいます。

すべてのWeb通信をHTTPS化する動きが強まっています。また，HTTP向けに作られているものの，他のアプリケーションプロトコルを運ぶこともできるため，メール（SMTPS，POP3S，IMAPS）やファイル転送（FTPS）など，他のプロトコルと組み合わせて幅広く使われています。VPNに使う（SSL-VPN）こともあります。

TLSの通信手順

まず，サーバやクライアントを認証して，暗号化通信を確立するハンドシェイクと，そこで交換された鍵を使ってデータを伝送するステップの二段階で通信を行います。

TLSはハイブリッド暗号方式を使っています。最初のやり取りは，不特定多数を相手に手軽に暗号化通信を始められる公開鍵暗号方式で行い，そこで確保した安全な伝送路を使って共通鍵を交換します。共通鍵を共有できたらそれ以降は，負荷が軽く速度の速い共通鍵暗号方式を使って通信をするわけです。

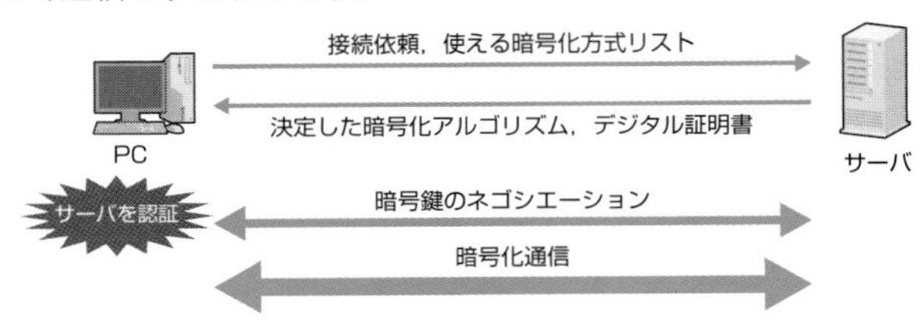

● EAP-TLS

EAPは運用性を重視しているため多くの認証方式に対応していて，拡張も柔軟に行えます。EAP-TLSは認証にTLSを利用するもので，サーバとクライアントを，デジタル証明書を使って相互に認証するのが特徴です。

X.509

デジタル証明書の標準規格です。デジタル証明書がどういうものか理解しておくのは重要なので，何が書かれているか是非見ておいてください。

CAによる署名	
	バージョン
	シリアル番号
	暗号アルゴリズムID
	発行者名（発行CA）
	有効期限
	サブジェクト（ユーザ）名
	サブジェクトの公開鍵暗号
	発行者独自ID
	サブジェクト独自ID
	（バージョン3の）拡張用領域

▲図　デジタル証明書のフォーマット（X.509）

デジタル証明書は，証明してほしい人の「公開鍵」に，認証局がデジタル署名したものです。その公開鍵が確かに本人のものであることを，信頼できる第三者機関である認証局が証明したことになります。

サーバ証明書

あるサーバにアクセスした際に，そのサーバが真正のものであるか（本当に実在する会社で，そこに所属しているサーバであるか）を証明するために送信されてくる**デジタル証明書**です。ただし，会社の実在は証明してくれますが，経営状態などは別です。

技術的セキュリティ対策

11 VPN

出題ナビ

VPNは，直接仕様や特徴を問うてくる出題より，科目Bでシナリオ問題に組み込まれる傾向が強いです。VPNを使うことでどんなメリットがあるのか，どんなことに気をつけて運用すべきなのかを理解しておきましょう。トンネルモードの場合はどこからどこまでが暗号化されるかの確認も大切です。

VPNとは

VPN（Virtual Private Network）とはその名のとおり，仮想専用線のことです。安全な通信を行うためには，専用線を使うのが効果的ですが，高コストです。そのため，安価で手軽な共用回線上に，認証と暗号化の技術を使って仮想的な専用線を構築します。

合格のツボ

- VPNの基本は暗号化と認証
- 暗号化で情報漏えいを防止
- 認証で，相手確認と改ざん防止

VPNの種類

VPNは利用する物理インフラによって，インターネットVPNとIP-VPNに分けることができます。

インターネットVPN

伝送路にインターネットを使うVPNです。インターネットが利用できる環境であれば，どこでも構築できます。費用も低く抑えられます。

IP-VPN

伝送路に閉域IP網を使うVPNです。IPを利用したネットワークとしてインターネットがまず浮かびますが，それ以外にも通信事業者は通信網を持っています。他の事業者やインターネットとつながっていないネットワークを閉域網，その中でも通信プロトコルとしてIPを使っているものを閉域IP網といいます。利用者の視点で見るとインターネットと変わりなく使えますが，その通信事業者の利用者しか使えないため安全性や品質が高まります。

VPNの2つのモード

● トランスポートモード

端末と端末の間でVPN通信が行われる通信モードです。暗号化は送信ノードで行われ，復号は受信ノードで行われます。

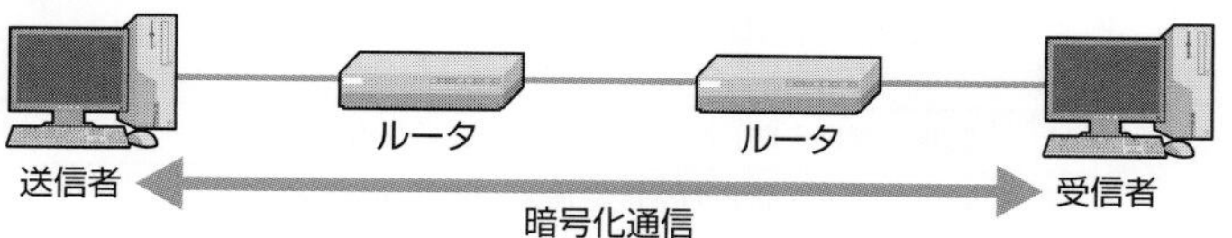

● トンネルモード

VPN装置（専用の装置やルータに組み込まれるタイプがあります）とVPN装置の間でVPN通信が行われる通信モードです。送信ノードからVPN装置まで，VPN装置から受信ノードまでの通信は暗号化されません。

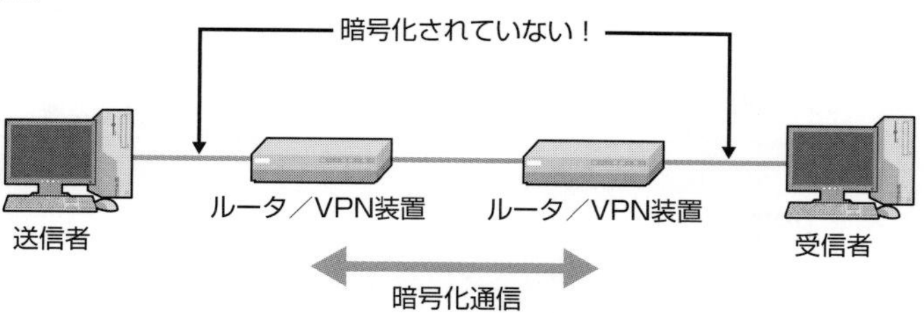

現場のジョーシキ

- トランスポートモードはヘッダ情報を暗号化しない。モバイル機器を出先で使う場合などに向いている。
- 大規模なVPNではトンネルモードが採用されることが多い。ヘッダが途中で変わるため，ヘッダ情報で認証するときなど注意が必要。

VPNを実現するプロトコル

● IPsec

IPsecはIPを機能拡張するプロトコルで，必要に応じて暗号化と認証の機能を提供します。IPv4ではオプション扱い，IPv6ではあらかじめ拡張ヘッダが定義されています。

用途によってAHとESPが使い分けられます。どちらも，もとのIPパケットにAHヘッダ，ESPヘッダを追加することで，受信ノードに認証情報を伝えます。AHはIPヘッダとペイロードが，ESPはペイロードが改ざん検知対象です。そのためAHではNATでIPアドレスが変更になるような場合にも検出できます。

AH	認証と改ざん防止の機能だけが提供される
ESP	認証と改ざん防止の機能に加え，「暗号化」を行う

● SSL-VPN

VPNに必要な暗号化と認証の技術にTLSを利用する技術です。IPsecとは次の点で違いがあります。

	プロトコルの階層	長所	短所
IPsec	3	アプリケーションに手を加えずにすむ	IP網の設定変更が必要
SSL-VPN	4～5	IP網に手を加えずにすむ	アプリケーションごとに設定変更必要

● PPTP

データリンク層（2層）でVPNを確立するために使われるプロトコルで，PPPを拡張したものです。2層でVPNを構築しているため，例えば3層のプロトコルがIP以外であっても動作する利点があります。

12 技術的セキュリティ対策 ネットワーク管理術

出題ナビ

出題範囲が広いエリアですが，ログに関する話題を中心に対策をしておくと効率的に得点力を上げられます。活用が進むモバイル機器も重要な出題ポイントです。据え置き型の機器とのリスクの違いに注意して，運用上の注意点を学んでください。

BYOD

BYODはBring Your Own Device（持ち込みOK）の略語で，私物の情報端末を業務で使うことを指します。

基本的には拡大傾向にありますが，公用と私用で同じ端末を使うため，SNSにうっかり機密情報を漏らすなどの事故も生じやすくなります。私物の端末を完全に管理することも難しいので，セキュリティ上のリスク要素は増えることになります。

現場のジョーシキ

- 私物のPCやスマホのほうが性能がよく，使い慣れている
- 公用と私用で端末を使い分ける必要がなく，便利
- 会社も端末費用を抑制することができる

私物のスマホに管理アプリを入れるのを嫌がる人もいますね。

アワワ，スマホを監視されたら困ります～

ずいぶん慌てますね，怪しい香りがします。

モバイルデバイス管理（MDM）

モバイル機器を業務に使う場合は，まず紛失・盗難のリスクが大きいことを認識しなければなりません。端末に内蔵されたGPSを使って場所を特定したり，遠隔操作でロックする，データを消去するなどの対策があります。さまざまな環境で利用する可能性があるため，マルウェア

などによる汚染も想定する必要があります。ウイルス対策アプリを導入するのはもちろんですが，帰社した場合に**検疫ネット**で検査を受けてから内部LANに接続する措置をとります。

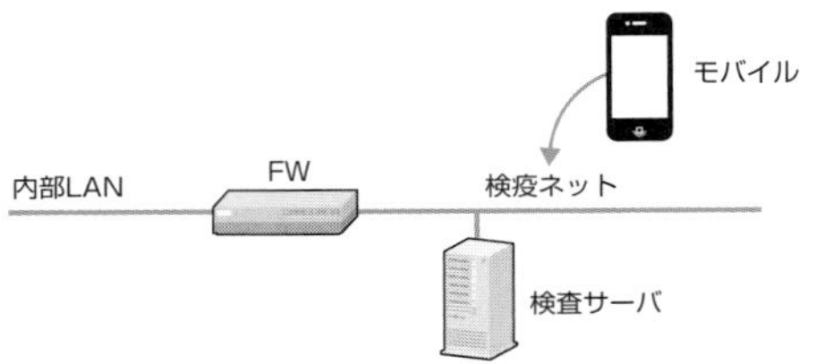

本格的にモバイルを運用する場合，**MDM（モバイルデバイス管理）**と呼ばれる総合管理システムを導入することもあります。

MDMでできること

・データの暗号化
・機器種別やバージョン，アプリの一元管理
・ログの収集と保存
・遠隔ロック，消去
・位置情報システムによる追跡

アクセス管理とアクセス権限

情報資産に対してのアクセスを管理する場合，識別（その人は誰か？）→認証（本当に本人か？）→認可（その人は何をしていいのか？）の3ステップが重要です。ファイルなどのアクセス権限管理では，閲覧（r），変更（w），実行（x）を覚えておきましょう。

	権限	内容
経営陣	r - -	閲覧のみ
管理者	r w x	閲覧，変更，実行
担当者	r - x	閲覧，実行

例えば，ファイルに対して閲覧と実行の権限を持っている場合，r-xのように書きます。すべての権限を持っている場合はrwxです。

SNMP

ネットワーク管理を行うためのプロトコルです。たくさんあるサーバや通信機器の状況を一元管理します。エージェント内にMIBというデータベースを作り，そこにログを蓄積します。マネージャが問い合わせ，エージェントが回答するのが基本です。

- 管理する側　→SNMPマネージャ
- 管理される側→SNMPエージェント
- 何かあったときエージェントがマネージャに送る通知を**trap**という

syslog

情報機器が稼働したログをネットワーク上でやり取りするプロトコルです。クライアント／サーバ型で動作して，サーバにログを蓄積します。

情報を収集する側	syslogサーバ（syslogd）
情報を送る側	syslogクライアント

SNMPとsyslogってどう違うんですか？

SNMPはネットワーク管理が目的です。syslog自体は単にログをやり取りするプロトコルですけどね。

じゃあSNMPのほうがいいんですね！

すべての機器がSNMPに対応しているわけではないですよ。

NTP

ネットワーク管理において，すべての機器の時刻が同期していることは非常に重要です。機器を連携して動かす，後からログを検査する，などの活動に関わってきます。PCで使われる時計は精度が高くないので，正確な時刻を外部から配信するためのプロトコルが**NTP**です。

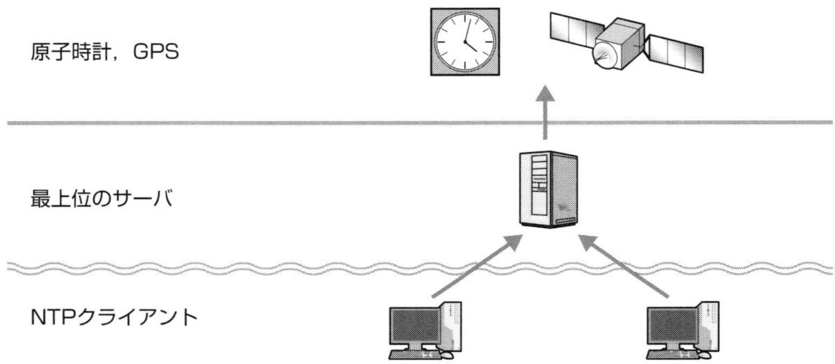

原子時計など正確な時刻を刻める機器から，クライアント／サーバ型のしくみで時刻情報を受け取ります。運用しやすいように**階層型**になっています。

科目Bはこう出る！

A社は，複数の子会社を持つ食品メーカーであり，在宅勤務に適用するPCセキュリティ規程（以下，A社PC規程という）を定めている。

A社は，20XX年4月1日に同業のB社を買収して子会社にした。B社は，在宅勤務できる日数の上限を週2日とした在宅勤務制度を導入しており，全ての従業員が利用している。

B社は，A社PC規程と同様の規程を作成して順守することにした。B社は，自社の規程の作成に当たり，表1のとおりA社PC規程への対応状況の評価結果を取りまとめた。

表1　A社PC規程へのB社の対応状況の評価結果（抜粋）

項番	A社PC規程	評価結果
1	（省略）	OK
2	（省略）	OK
3	会社が許可したアプリケーションソフトウェアだけを導入できるように技術的に制限すること	NG
4	外部記憶媒体へのアクセスを技術的に禁止すること	NG[1)]
5	Bluetoothの利用を技術的に禁止にすること	NG

注記　評価結果が"OK"とはA社PC規程を満たす場合，"NG"とは満たさない場合をいう。
注[1)]　B社は，外部記憶媒体へのアクセスのうち，外部記憶媒体に保存してあるアプリケーションソフトウェア及びファイルのNPCへのコピーだけは許可している。

評価結果のうち，A社PC規程を満たさない項番については，必要な追加対策を実施することによって，情報セキュリティリスクを低減することにした。

設問　表1中の項番4について，B社が必要な追加対策を実施することによって低減できる情報セキュリティリスクは次のうちどれか。低減できるものだけを全て挙げた組合せを，解答群の中から選べ。ここで，項番3，5への追加対策は実施しないものとする。

（一）　B社で許可していないアプリケーションソフトウェアが保存されている外部記憶媒体がNPCに接続された場合に，当該NPCがマルウェア感染する。
（二）　外部記憶媒体がNPCに接続された場合に，当該外部記憶媒体に当該NPC内のデータを保存して持ち出される。
（三）　マルウェア付きのファイルが保存されている外部記憶媒体がNPCに接続された場合に，当該NPCがマルウェア感染する。
（四）　マルウェアに感染しているNPCに外部記憶媒体が接続された場合に，当該外部記憶媒体がマルウェア感染する。

解答群

ア（一），（二）　　イ（一），（二），（三）
ウ（一），（二），（四）　　エ（一），（三）
オ（一），（四）　　カ（二），（三）
キ（二），（四）　　ク（三），（四）

解説　A社がB社を買収したので，B社はA社のセキュリティ水準にあわせる必要があるという話です。対応状況を見ると項番3，4が基準を満たしていないことがわかりますが，そのうち項番4について問われています。

項番4の説明もひねってあって，「外部記憶媒体へのアクセスを技術的に禁止すること」と表中にあるものの，注も読まないと「B社は，外部記憶媒体へのアクセスのうち，外部記憶媒体に保存してあるアプリケーションソフトウェア及びファイルのNPCへのコピーだけは許可している」ことがわからないようになっています。どの問題でもそうですが，注は意味もなく打たれることは稀です。注意して読み進めましょう。

（一）B社では外部記憶媒体に保存してあるアプリケーションソフトウェア及びファイルのNPCへのコピーは許可しているため，外部記憶媒体にマルウェアが潜んでいた場合，NPCへ感染するリスクがあります。許可の有無に関わらず，自動実行するような種類のマルウェアがあることに注意しましょう。追加対策を施すことでこのリスクを低減できます。

（二）NPCからのデータ持ち出しが危惧されていますが，NPCから外部記憶媒体へコピーは許可されていないため，対策の対象になりません。そもそもリスクがないので，追加対策によってリスクが減ることはありません。

（三）（一）と同様の理由で感染のリスクがあり，追加対策でリスクを減らすことが可能です。

（四）NPCから外部記憶媒体へのコピーは許可されていないため，対策の対象になりません。

解答：エ

13 物理的セキュリティ対策

出題ナビ

部外者を立ち入らせないこと，会社の備品を勝手に持ち出さないことなどは基本的な事柄ですが，網羅的な対策を問われると意外と解答に苦労することがあります。入退室管理などは現実に目にする機会も多いので，自分の経験に結びつけて覚えておくと応用が効きます。

物理的空間への対策

入退室管理

業務エリアに必要な要員以外を立ち入らせないことは，地味ですが非常に重要です。業務環境は紙の書類はもちろん，ノートPC, USBメモリ，社員証など，攻撃者にとって非常に価値があり，持ち運びも簡単なものがたくさんあります。

警備員や警備システムによって，権利のある者以外入室できないようにすることが大事です。一時的な来館者にも入館証を発行するなどして，入退室記録をつけます。

建物の隠蔽

データセンターなどの攻撃対象になりやすい施設は，そもそもその建物が情報関連施設であることを隠蔽することがあります。どこに存在するのか不明にすることで，物理的な攻撃のリスクを減らします。

情報システム安全対策基準

少し古い基準ですが，情報システムの物理的な安全管理についてまとめられています。PCをケーブルで固定しようなどといった管理策が示され，火災，水害，停電，盗難などの対策ができます。

現場のジョーシキ

- 古典的だが，警備員を立てることは効果的
- 施設・設備関係のガイドラインは，情報システム安全対策基準

警備員なんて時代遅れじゃないですか？

そんなことないですよ。システムでやると「共連れ」などの問題が生じます。入館証を持っている人にくっついて，他の人も入ってしまうアレです。

ああ，忘れちゃったときに便利ですよね！

だからダメなんですってば……。

情報機密区分

建物に外部者を誰も入れないような対策は現実的ではありません。そこで，**機密区分**，**一般区分**，**公開区分**のように場所を分割し，外部者は公開区分のみ，社員でも権限のある者しか機密区分には入れないといった運用をします。公開区分には，機密書類や取扱注意情報を置きません。

モバイル機器の盗難・紛失対策

持って歩けるものは，自ずと紛失や盗難のリスクが生じます。ノートPCやスマホは大量の情報やアクセス権を内蔵することができるので，要注意です。GPSによる位置把握やデータの暗号化，遠隔ロックなどで対策します。台風の日に紙の書類を持ち歩いて，飛ばしてしまった実話もあります。アナログ情報が盲点にならないように注意しましょう。

科目Bはこう出る！

A社は，高級家具を販売する企業である。A社は2年前に消費者に直接通信販売する新規事業を開始した。それまでA社は，個人情報はほとんど取り扱っていなかったが，通信販売事業を開始したことによって，複合機で印刷した送り状など，顧客の個人情報を大量に扱うようになってきた。そのため，オフィス内に通販事業部エリアを設け，個人情報が漏えいしないよう対策した。具体的には，通販事業部エリアの出入口に，ICカード認証でドアを解錠するシステムを設置し，通販事業部の従業員だけが通販事業部エリアに入退室できるようにした。他のエリアはA社の全従業員が自由に利用できるようにしている。図1は，A社のオフィスのレイアウトである。

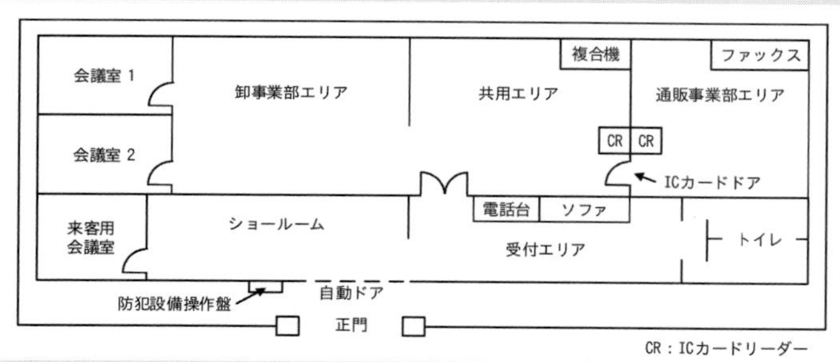

図1　A社のオフィスのレイアウト

このレイアウトでの業務を観察したところ，通販事業部エリアへの入室時に，A社の従業員同士による共連れが行われているという問題点が発見され，改善案を考えることになった。

設問　改善案として適切なものだけを全て挙げた組合せを，解答群の中から選べ。

（一）ICカードドアに監視カメラを設置し，1年に1回監視カメラの映像をチェックする。
（二）ICカードドアの脇に，共連れのもたらすリスクを知らせる標語を掲示する。
（三）ICカードドアを，AESの暗号方式を用いたものに変更する。

（四） ICカードの認証に加えて指静脈認証も行うようにする。
（五） 正門内側の自動ドアに共連れ防止用のアンチパスバックを導入する。
（六） 通販事業部エリア内では，従業員証を常に見えるところに携帯する。
（七） 共連れを発見した場合は従業員同士で個別に注意する。

解答群

ア（一），（二）　イ（一），（四）　ウ（一），（五）
エ（二），（三）　オ（二），（七）　カ（三），（六）
キ（三），（七）　ク（四），（六）　ケ（五），（六）
コ（五），（七）

解説　共連れとは，ICカード認証などの入退室管理対策を取ったものの，カードを持っている人と一緒に持っていない人が入退室をしてしまう違反行為です。セキュリティ対策をすると余計な手間が増えるので，正規の手順で仕事をしなくなる典型的なケースと言えます。選択肢を検討していきましょう。

（一）監視カメラ自体はいいアイデアですが，1年に1回のチェックでは意味がありません。×
（二）地味ですが，啓蒙活動は違反行為を減らします。○
（三）共連れの抑止には関係がありません。×
（四）利便性が更に下がるうえに，結局同様な共連れが行われるでしょう。×
（五）アンチパスバックは共連れの抑止技術ですが，守りたいのは通販事業部エリアなので意味がありません。×
（六）従業員証を見せることで通販事業部の従業員だと確認させる施策ですが，所属従業員ならなんでも良いわけではなく，共連れの抑止がしたいわけです。この対策では共連れかどうかはわかりません。×
（七）相互監視により共連れの瞬間を指摘するわけで，抑止効果があります。同僚同士ではなかなか指摘しづらいだろうとか，設問を拡大解釈する必要はありません。○

解答：オ

14 RASIS

出題ナビ

そのシステムがどのくらい使い物になるかは，利用者にとってとても興味のある話題です。その中で代表的な切り口を5つ取り上げたのがRASISで，信頼性，可用性，保守性などがまとめられています。これらを数値化する尺度の稼働率などとあわせ，概要を把握します。

RASISとは

信頼性に関する5つの要素の頭文字をまとめたものです。セキュマネ試験では突っ込んだ出題はありません。それぞれについて概要と指標を覚えておけば大丈夫です。

R（Reliability：信頼性）

どのくらい安定して使えるかです。信頼性が低いシステムはポコポコ故障して，大事なデータを飛ばしたり，ストレスが溜まります。信頼性を数値化するときに使われる指標が**MTBF（平均故障間隔**：故障から故障までの平均時間。つまり何時間くらい連続してきちんと動くか）で，次の式で表します。

MTBF＝合計稼働時間／故障回数

A（Availability：可用性）

使いたいときにどのくらい使えるかです。可用性が低いシステムは，いつもメンテナンス中だったり修理中だったりして，イライラします。可用性を数値化する指標は稼働率で，次の式で表します。

稼働率＝MTBF／（MTBF＋MTTR）

信頼性と可用性って，ほとんど同じに思えるんですけど……。

似ています。でも，信頼性は機器の故障に，可用性は利用者の利用に着目した考え方です。信頼性が低い機器を使っていても，冗長化などのしかけで可用性を上げることは可能です。

● S（Serviceability：保守性）

故障した機器をどのくらいで修理できるかです。保守性が低いシステムは，修理にとても時間がかかって，その間は仕事が止まります。保守性を数値化する指標は，**MTTR**（**平均修理時間**：修理にかかる時間の平均）で，次の式で表します。

MTTR＝合計修理時間／故障回数

合格のツボ

- MTBFは大きいほどいい！（安定して動く時間だから）
- MTTRは小さいほどいい！（修理にかかる時間だから）

● I（Integrity：完全性）

データがどのくらいきちんとしているかです。一部が欠けたり，改ざんされたり，ソフトのバグで不整合を起こしたりすると完全性が失われます。完全性の低いシステムは仕事に使えません。

完全性を向上させるには

・データをバックアップする
・フールプルーフを導入して，操作ミスをなくす

● S（Security：安全性）

攻撃者やウイルスなどに対して，その機器がどのくらい強靱かです。本当に許可されている人以外でもその機器が使えるようだと，安全性が低下します。安全性の低いシステムでは，マルウェアの感染や情報漏えいが簡単に起こります。

15 耐障害設計

出題ナビ

科目Aでフェール××は何？ といった出題があるので，最低限の概要は頭に入れておきたいです。信頼性の向上に冗長化が有効だということも最優先で覚えます。細かい暗記をするよりは，こうした考え方に馴染んで，どうしたら故障の被害を小さくできるか発想できるスキルを目指しましょう。

障害対策の考え方

機器の故障はシステムに重大な影響を及ぼします。そのため，多くの対策が考えられてきましたが，大きくは2つに分けることができます。フォールトアボイダンスとフォールトトレランスです。

● フォールトアボイダンス

故障をさせないという考え方です。故障が生じないように，高品質な機器を利用する，定期的な検査で故障の兆候をつかみ故障前に交換する，予想される故障時点より早く交換する**予防保守**によって実現させます。高品質な機器は高価で，対策費が高騰する可能性がありますが，故障からの交換より効率がいいという面もあります。

● フォールトトレランス

機器に故障が起こるのはしかたがないということを前提に，故障が起こってもサービスの提供に問題がないようにすることです。ここで重要になるのが**冗長化**で，1つの機器で済むところに，2台目，3台目を設置しておきます。すると，1台目が故障してもサービスを提供し続けることが可能です。

先生の話が冗長だとか言いますよね。

ズバっと言いますね。ふだんはマイナスイメージの言葉ですが，IT用語としてはよい意味ですよ。最低要件以上に機器や回線があるので，何かあっても交代できるのです。

フォールトトレランスを構成する要素

● フェールセーフ

同じ故障するのでも，安全な故障のしかたをすることです。例えば，信号が壊れるとき青が点いたままになるのと，赤が点いたままになるのでは，危険度が全く違います。

⇒身近な例……スキーで転ぶとき，山側に倒れるように教わるのは一種のフェールセーフ。同じ転ぶのでも，谷側に倒れるのよりずっと安全。

● フェールソフト

故障が避けられなくなったときに，大事な機能を最後まで残すことです。

⇒身近な例……PCでレポートとゲームを同時にやっているときに，レポートのほうが落ちることで致命傷を回避されるのではイヤ。重要度の低いタスクを犠牲にして，中核機能を残す。

● フェールオーバ

本番機が故障したら待機機が動き出すといった具合に，故障が発生しても自動的に仕事を引き継ぐことで，利用者には故障を見せないようにすることです。本番機が直ったときに，待機機からもとの本番機に仕事を戻すことは**フェールバック**といいます。

● フールプルーフ

間違った使い方に対する耐性です。誰もが管理者のように熟知してシステムを使うわけではなく，それを全員に求めるのは現実的ではありません。変な使い方をしても，システムが致命的な動作をおこさないようなしかけを施します。

⇒身近な例……座らないと水が出ないウォシュレットや，Yesボタンを押さないとファイルを消さないファイル管理システムなどが実装例。

● フォールトマスキング

故障しても，他の要素にはそれが見えないようにすることです。ハードディスクが二重化されていて，1台が故障してももう1台が稼働しているとき，利用者は故障に気がつきません。故障がマスクされているといえます。

覚えにくいを覚えやすく

・フェール「セーフ」 → 安全 → 安全な壊れ方
・フェール「ソフト」 → 軟らかい → 致命的でない壊れ方
（対義語：ハードランディング→ぐちゃっといっちゃう）
・フェール「オーバ」 → 向こうへ → 壊れたら別の機器へ
・「フール」プルーフ → 間抜けな → それでも大丈夫

耐障害設計の技術

フォールトトレランスを実際にシステムとして実現する場合の技術のポイントをおさえましょう。

● デュアルシステム

完全に同じシステムを2つ動かします。片方が故障しても，もう片方が動き続けているので，何の問題もなくサービスを継続できます。クリティカルなシステムでは，互いの演算結果を比較し合い，誤作動などを検出することもあります。

● デュプレックスシステム

主系と従系でシステムを構築します。主系では主要業務を，従系は重要度の低い業務を行ったり待機したりします。主系に故障が生じたときは，従系を主系に切り替えて稼働します。デュアルシステムよりコスト効率はいいですが，切り替えの時間は大きくなります。

いろんなやり方がありますね。

みんな苦労している分野ですから。待機系の待たせ方でも，ギンギンに準備OKなホットスタンバイと，電源も入れていないコールドスタンバイがありますよ。

耐障害設計の手法

故障予防

予防保守（フォールトアボイダンス参照）の考え方はとても重要です。例えば，会社の蛍光灯はまだ光る状態でも一定期間で替えてしまうことがあります。もったいない話ですが，寿命に至る前に交換することで電気が消えてしまうインシデントを防止し，作業員の確保も計画的に行えます。

故障監視／運用

故障は必ず起きますが，早期発見することで被害を最小化できます。SNMPなどの技術を使って常時監視体制を敷くのが効果的です。

故障復旧

重要機器は予備機を常に用意したり，モジュール化された製品を使い修理ではなく交換を行うことで，ダウンタイムを最小化できます。場当たり的に対応するのではなく，事前に定められた手順で作業し，記録を残して手順のレビューを行います。

性能管理

故障やトラブルの予兆を見つけるためには，機器の通常の稼働状態を知っている必要があります。平常時からきちんとログを取得し，その傾向を掴んでおくことが，地味ですが重要な仕事です。

16 バックアップ

出題ナビ

企業にとって最重要の情報資産であるデータを守るための最も基本的な対策です。バックアップすべき範囲，頻度や取得方法，リストアの条件などさまざまな視点からの出題が考えられます。科目Bで，取得のための許容時間などの条件を読み落とさないようにしましょう。

バックアップとは

データを守る最も基本的かつ効果的な方法です。データは業務を進める上で，最重要の情報資産の1つです。機材などは買い直せば済みますが，失った自社データをどこかで購入することはできません。データをすべて失ったら廃業を考えるほどのリスクがあります。

現場のジョーシキ

- **データは代替のきかない最重要の資産**
- **バックアップ先は，共倒れしない場所を指定**
- **バックアップ媒体は，オリジナルより安定しているのが基本**

バックアップ計画

バックアップは手間と時間がかかり，媒体の費用もばかになりません。すべてのデータを毎分バックアップしていればとても安心ですが，通常そのようなコストはかけられません。しっかりしたバックアップ計画が必要になります。

失敗しそうな実例

- きちんと計画を立てたのに，データ量が増えて決められた時間や媒体に収まらずバックアップ取得エラー＋復元失敗 → 出題の定番
- 以前は1日前の状態に戻せればよかったが，Web通販を始めたので10分前の状態に戻せないとまずい → バックアップ取得頻度の見直しが必要

▼計画内容のポイント

取得範囲	大きい方がいいが，大きくなるほど時間と手間がかかる
取得頻度	頻繁な方が障害時に直近の状態に戻せるが，頻繁なほど時間と手間がかかる
取得時間	業務が止まっている夜のうちにしかできないなど，制約を考える
世代管理	最新だけでなく，毎日のデータを保管するとその日の状態にもどせる。管理と媒体費はもちろん高騰する
保管場所	災害対応のために遠隔地にするのか，その場合配送はどうするのかなど

バックアップ方法

フルバックアップ

バックアップ計画の基本になるやり方です。取得範囲のすべてをバックアップします。バックアップとリストアの手順が最もシンプルで，1回で終了します。しかし，バックアップ時間とバックアップ媒体の容量は最大です。

差分バックアップ

少しバックアップ取得時間と媒体容量を節約した方法です。基準日にフルバックアップを取得して，次回のバックアップでは基準日に対して変更のあったファイルだけをバックアップします。

基準日以外の日はバックアップ時間と容量をかなり節約できます。バランスが取れていますが，バックアップ取得時間が一定しないことに注意です。

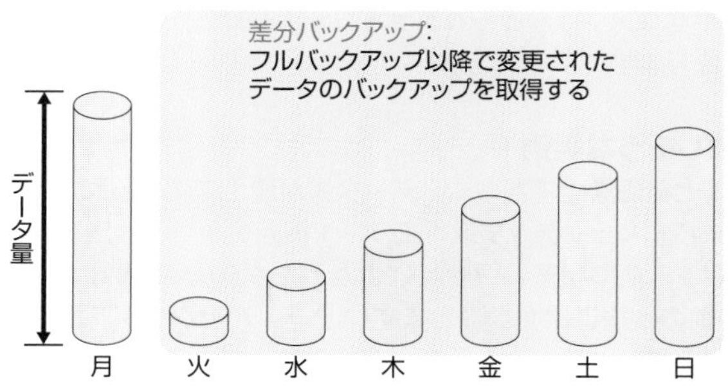
差分バックアップ:
フルバックアップ以降で変更された
データのバックアップを取得する
データ量
月
火
水
木
金
土
日

● 増分バックアップ

最もバックアップ時間と容量を節約できる方法です。基準日にフルバックアップを取得して，それ以降はその日に変更があったファイルだけをバックアップします。基準日以外の日は，バックアップ取得量を最小化できます。ただし，リストアにかかる時間と手間は最大です。

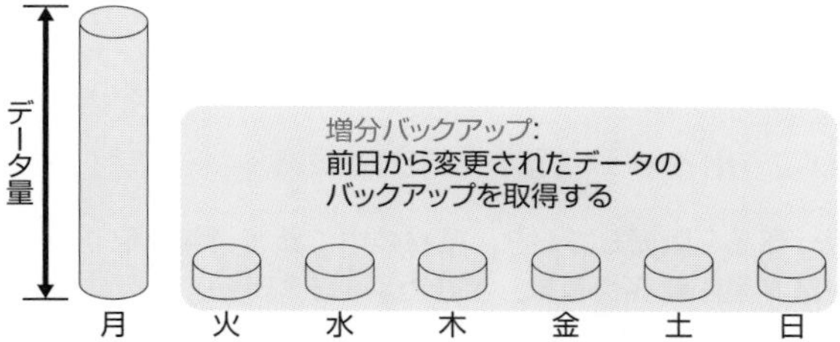
データ量
増分バックアップ:
前日から変更されたデータの
バックアップを取得する
月
火
水
木
金
土
日

	長所	短所
フルバックアップ	シンプル，速い	バックアップ時間長い，容量が大きい
差分バックアップ	バランス	少しずつバックアップ時間が延びて一定しない
増分バックアップ	エコ	リストアの手間がたいへん

バックアップ運用

バックアップで最も多いトラブルは，取得したことで安心して放置し，インシデント発生時にバックアップエラーや操作ミスで復元できないことです。現実の業務でも頻発します。バックアップからの復元を**リストア**と呼びますが，このリハーサルをすることが有効な対策になります。練習によってインシデント時に落ち着いて対処できることと，バックアップ取得の失敗をリハーサル時に見つけることができるからです。

廃棄管理

どんなモノも最初は大事にしても，捨てる間際はぞんざいに扱うのが人情です。バックアップ媒体にも寿命があるので廃棄は必ずやってくる工程ですが，盲点になりやすいです。機密保持のために専用の破壊装置を使う，専門業者に外注するなどの措置が必要です。外注する場合は，秘密保持契約（NDA）を結びます。

遠隔地管理

大規模災害では，オリジナルのデータと一緒にバックアップが失われてしまうことは十分に考えられます。それを防ぐための有力な方法が**遠隔地保存**です。データだけを保存するか，処理できるマシンも含めてバックアップサイトを作るのかなどを，コストとのバランスを考えて決定します。

科目Bはこう出る！

A社は旅行商品を販売しており，業務の中で顧客情報を取り扱っている。A社が保有する顧客情報は，A社のファイルサーバ1台に保存されている。ファイルサーバは，顧客情報を含むフォルダにある全てのファイルを磁気テープに毎週土曜日にバックアップするよう設定されている。バックアップは2世代分が保存され，ファイルサーバの隣にあるキャビネットに保管されている。

A社では年に一度，情報セキュリティに関するリスクの見直しを実施している。情報セキュリティリーダーであるE主任は，A社のデータ保管に関するリスクを見直して図1にまとめた。

1. ランサムウェアによってデータが暗号化され，最新のデータが利用できなくなることによって，最大1週間分の更新情報が失われる。
2. （省略）
3. （省略）
4. （省略）

図1　A社のデータ保管に関するリスク（抜粋）

E主任は，図1の1に関するリスクを現在の対策よりも，より低減するための対策を検討した。

設問　E主任が検討した対策はどれか。解答群のうち，最も適切なものを選べ。

解答群
ア　週1回バックアップを取得する代わりに，毎日1回バックアップを取得して7世代分保存する。
イ　バックアップ後に磁気テープの中のファイルのリストと，ファイルサーバのバックアップ対象フォルダ中のファイルのリストを比較し，差分がないことを確認する。
ウ　バックアップに利用する磁気テープ装置を，より高速な製品に交換する。
エ　バックアップ用の媒体を磁気テープからハードディスクに変更する。
オ　バックアップを二組み取得し，うち一組みを遠隔地に保管する。
カ　ファイルサーバにマルウェア対策ソフトを導入する。

解説　ランサムウェアのリスクを低減するための対策が問われています。身代金目的でデータがロックされ，使えなくなってしまうことがランサムウェアのリスクで，基本的な対策はデータのバックアップです。A社も最低限の対策は行っています。しかし，バックアップの取得は週に1回土曜日だけなので，最大1週間分の情報が失われるだろうというのが図1の指摘です。

ア　最悪でも24時間前の状態に戻せます。○
イ　完全性の確認ですので，指摘とは関係がありません。×
ウ　バックアップ取得時間，リストア時間を短縮できますが，ランサムウェアとは関係しません。×
エ　これもバックアップ取得時間，リストア時間を短縮できますが，ランサムウェアとは関係しません。×
オ　災害対策として優秀ですが，ランサムウェア対策としては遠隔地保存は効果がありません。×
カ　マルウェア対策ソフトを導入すればそもそもランサムウェアに感染しないだろうという選択肢ですが，「最新のデータが利用できなくなることによって，最大1 週間分の更新情報が失われる」ことへの対策ではありません。×

解答：ア

物理的セキュリティ対策

17 ストレージ技術

出題ナビ

セキュマネ試験においてストレージ技術の出題頻度は高いとはいえません。NAS，SANなどの基本的な構成要素を知っておけばほとんどの出題に対応できます。科目Bでこれらの要素に直面したときに，慌てずにすむ知識を身につけておきましょう。

NAS

NASはネットワークに直接接続するタイプの専用・単機能のファイルサーバです。機能を絞っているのでコストパフォーマンスや設定の容易さに優れています。企業が活用するデータは，データサイエンスやIoTの進展により増大する傾向にあります。これらを保存するためにファイルサーバが使われますが，あまりにも急速な容量の増大にスケーラビリティ（拡張性）が追いつかないことがあります。そんなときに使う機器の1つがNASで，通常のLANに接続します。

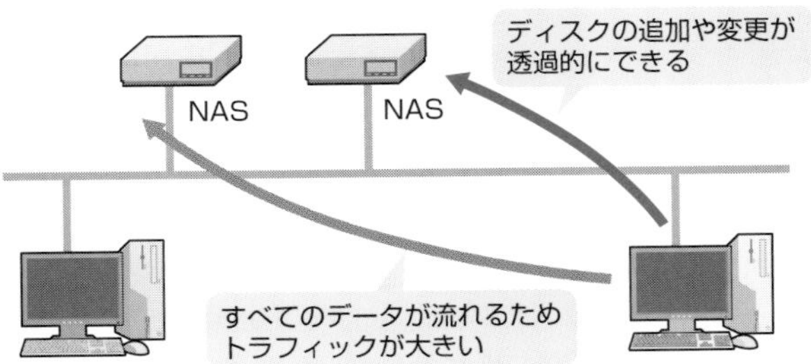
ディスクの追加や変更が
透過的にできる
NAS
NAS
すべてのデータが流れるため
トラフィックが大きい

SAN

SANはストレージ専用のネットワークのことです。通常使われているLANとは別に構築します。LANの中にデータベースなどを構築すると，サーバとストレージの間で大量のデータ送受信が発生して他の通信を圧迫することがあります。そこでLANと分離するためにSANを構築します。ストレージ用のFiber Channelを用いた**FC-SAN**が一般的でしたが，IPを利用する**IP-SAN**も普及しています。

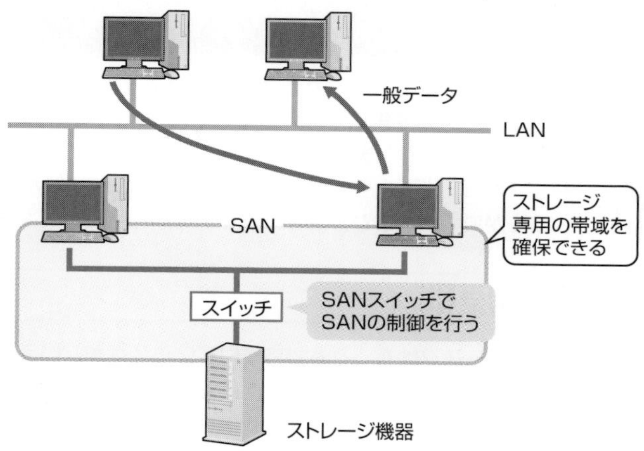

	説明	導入	性能
NAS	既存のLANに設置する単機能ファイルサーバ	簡単	それなり
SAN	ストレージ専用ネットワーク	高価	高性能

合格のツボ

- **NASの特徴は簡単導入と拡張性！　既存のLANを使う**
- **SANの特徴は高性能！　独自のネットワークを作る**

データ爆発

データの増大を表現するために使われる言葉です。新しい機器やサービスが登場するたびに，データは常に爆発し続けてきたといっていいでしょう。現在，本試験で問われるのはIoTの文脈です。私たちの生活空間にくまなくセンサが設置され，互いに情報をやり取りするようになると従来とは桁違いのトラフィックが発生します。データ爆発が生じると，ネットワークやストレージで技術革新が促され，その技術革新によって生じた余剰が新たなデータ需要を生みだします。

18 人的セキュリティ対策

出題ナビ

どんなリスク，どんな状況でも効果があるので，解答がわからないときの最後の手段として，「社員に教育を施す」ととりあえず書いたりします。せっかくここまで読んでくださったみなさんは，どうして教育で効果が上がるのか，何が教育を妨げるかについて学び，さらに得点力を向上させてください。

最小権限の原則

人に起因するリスクはもっとも対応しにくいリスクだといえます。人は必ず間違えますし，悪意を持ったときに非常に狡猾に行動することもあります。また，必ずしも合理的な行動や一貫性のある行動を取るわけでもありません。

それじゃ対処のしようがありません！

システムが対処しにくい事象は人が対処すればいいんですよ。
お互いに監視するしくみにすればOKです。

国家権力が立法，行政，司法の3つにわかれて互いを監視しているように，情報システムでも権限を分散させて，大きな行動を起こすときには複数の管理者，担当者の承認が必要な状況をつくります。

合格のツボ

- 不正行為を他の管理者や担当者によって牽制する
- 権限が集中すると，不正行為を行うハードルが下がる
- 最小権限の原則　→　その仕事を実行するのに必要な最低限の権限のみを与える

そんなにたくさん権限って与えるもの？

最大の特権を与えておけば，とりあえず権限が足りなくて仕事が止まることはないですよね。

過失にも効果があるんですか？

うっかりファイルを消したりしても，最小の権限しかなければ，自分の権限が及ぶファイルしか消えません。

フールプルーフ設計

RASISのところでも出てきたフールプルーフは，ヒューマンエラーを減らすのに有効です。「間違えるな！」といっても間違えるのが人間ですから，間違えないような環境作りが必要です。危険な行動をいったん止めたり，勘違いしにくい画面設計・帳票設計をするなどの方法があります。

教育

人的なセキュリティ対策の最も効果的な手段の1つが教育です。教育によってその人の情報リテラシを高めることで，さまざまな効果があります。

●教育による効果

・悪いことをすると足がつくことを知る
・情報漏えいなどの損害が巨大であることを知る
・どんなときにインシデントやうっかりミスが起こるか知る
・インシデントを起こさない行動やスキルを知る

効果があることはわかっているのに，一方でないがしろにされがちなのも教育です。現在は，どの業務現場でもコストや人員の圧縮が進んでいるので，新人研修などを除くとまとまった研修を受ける機会に恵まれないことがあります。

▼教育推進の手法

カフェテリアプラン	必要なとこだけつまみ食いできる研修
研修サボりの罰則化	研修や有給をきちんと消化しないと上司が罰を受ける

日常業務での気づき

セキュリティ事故は華々しい標的型攻撃や大流行しているマルウェアのみによって起こるわけではありません。むしろ，日常業務の些細な行為が引き金になることも多いのです。

・会話の中で，機密情報，認証情報に触れてしまう

・繁忙期に検疫手順などを経ずに，ファイルを開いてしまう

人間は集中力を持続させるのが得意ではありません。ルーティンの仕事ではどうしても慣れや油断が生じます。それを少しでも減らすために，「教育」や「マネジメントシステム」があると考えてください。

甘く見た　ファイル開いて　諭旨解雇

第 4 章

情報セキュリティ関連法規

知的財産権と個人情報の保護

出題ナビ

広く浅く出題されます。条文を読み込むほど精密な知識は要求されませんが，一通り学習しておくべき箇所です。個人情報保護法の出題は今後も継続すると思われます。狙い目は著作権の適用範囲と，個人情報保護の運用です。個人情報取扱事業者にどんな義務があるかを覚えましょう。

知的財産権

モノではない創作物やノウハウなどを専有する権利です。著作権と産業財産権が本試験で頻出です。

著作権

著作権は，創作物を保護する権利で，著作権法で明文化されています。プログラム，データベース，写真，文章，音楽などが保護対象です。似ているようでも，アルゴリズムやプロトコルは保護対象になりません。**著作者人格権**と**著作財産権**を覚えておきましょう。

著作者人格権	公表権，氏名表示権，同一性保持権など	譲渡できない！
著作財産権	複製権，上映権，頒布権，公衆送信権など	譲渡できる！

産業財産権

産業財産権は，**特許権**，**実用新案権**，**意匠権**，**商標権**からなる権利です。それぞれ出題実績があります。著作権と違って作っただけでは権利が発生せず，出願や登録が必要です。

名称	内容	保護期間
特許権	発明（高度な技術創作）を独占使用する権利	出願時から20年間
実用新案権	事実上，簡単特許として利用されている	出願時から10年間
意匠権	創作性のあるデザインを専有できる	登録時から25年間
商標権（トレードマーク）	商品やサービスのシンボル（マークやジングルなど）を専有できる	登録時から10年間

こんな問題が出る！

著作権法による保護の対象となるものはどれか。

ア　ソースプログラムそのもの
イ　データ通信のプロトコル
ウ　プログラムに組み込まれたアイディア
エ　プログラムのアルゴリズム

解答：ア

合格のツボ

著作権は
- 申請などは必要なし。作ったときに権利発生，有効期限は著作者の死後70年
- 会社の仕事で作ったものは会社に帰属する

個人情報保護法

生存する個人に関する情報で，個人を特定できる情報（個人識別符号：運転免許証やマイナンバー，指紋など）が含まれることで，誰のものかがわかってしまう情報を**個人情報**といいます。特に，マイナンバーをその内容に含む個人情報のことを，特定個人情報と呼んで区別しています。

悪用される恐れがあるため，個人情報を扱う事業者は**個人情報取扱事業者**と呼ばれ，法令によって各種の義務が課されます。特に思想信条，病歴，犯罪歴などは要配慮個人情報とされ，本人の同意なき取得が禁止されています。一方で，ビジネスを推進することも求められているため，利用目的の変更を可能としたり，匿名加工情報（個人を特定不能にした情報）にすることで個人情報を柔軟に活用できるようになっています。

個人情報取扱事業者の各種の義務
・トレーサビリティの確保
・不正な個人情報データベース提供は罪になる
・自社だけでなく，委託先の監督義務

コンピュータ犯罪関連法規

出題ナビ

刑法は浅く広い出題です。時間をかけすぎないように対策したいところです。迷惑メールはオプトインとの絡みで，不正競争防止法は営業秘密との絡みでの出題に注意しましょう。電子計算機○○罪は似たような名前がたくさんあるので，具体的な事案を思い浮かべて覚えるようにしましょう。

不正アクセス禁止法

不正アクセス禁止法は，不正アクセスや不正アクセスの助長（準備）を禁じる法律です。何が不正アクセスになるかが出題のポイントです。

不正アクセスって何？

・正当な権限を持っていない
・ネットワークを介している
・システムがアクセス制御されている
・セキュリティホールを突く行為なども該当する

助長って何？

・不正行為をしようと思って，IDやパスワードを集める
・ポートスキャンをする
・他人のパスワードを漏えいさせる

刑法に出てくるコンピュータ犯罪

電磁的記録不正作出

電磁的記録（コンピュータのデータ）を不正に作って，そもそも意図していなかった動作をコンピュータにさせる行為などを罰します。

電子計算機損壊等業務妨害

電子計算機（コンピュータ）を止めたりデータを改ざんするなどして，業務妨害や信用毀損をする行為を罰します。

電子計算機使用詐欺罪と間違えます…

犯罪としての「詐欺」が成立しているかどうかが一番見分けやすいです。業務妨害は，Webの改ざん（該当します）もよく狙われます。

電子計算機使用詐欺罪

電子計算機（コンピュータ）に不正な命令やデータを入力して，お金儲けをするような行為を罰します。不正な命令で，他人のお金を自分の口座に振り込むなどのケースに適用されます。

不正指令電磁的記録作成罪（ウイルス作成罪）

不正指令電磁的記録がとてもわかりにくい用語ですが，これが「マルウェア」を表す日本語です。別名，**ウイルス作成罪**とも呼ばれています。名前の通りマルウェアを作成することを罰します。

マルウェアは ・作っただけで罪になる！
・でも，研究目的など，理由があれば作ってもOK
・でも，間違って作ってしまったとき（バグとか）もOK

支払用カード等電磁的記録不正作出罪

クレジットカードやキャッシュカードの偽造を罰します。ウイルス作成罪と同様に，作っただけで罪になります。所持したり，実際にお金を儲けたりすればなおのことです。

不正競争防止法

不正な方法で競争することを禁じた法律です。ライバル会社の商品をコピーしたり，悪い噂を流したり，営業秘密を不正入手するなどの行為が該当します。営業秘密とは何か？は重要な出題ポイントです。

合格のツボ

営業秘密の３要件とは
- 「営業上有効な情報」である
- 「秘密として扱われ，管理」されている
- みんなが常識として知っているようなことではない

こんな問題が出る！

不正競争防止法で保護されるものはどれか。

ア　特許権を取得した発明
イ　頒布されている自社独自のシステム開発手順書
ウ　秘密として管理していない，自社システムを開発するための重要な設計書
エ　秘密として管理している，事業活動用の非公開の顧客名簿

解説　「秘密として管理している」がキーワードとなります。公知の情報は保護対象になりません。

解答：エ

迷惑メール法

迷惑メール（特定電子メール）を防止して，健全なメール環境を取り戻そうという法律です。この迷惑メールは主に広告メールのことを指しています。広告自体を禁じるものではありませんが，次の要件を満たさなければなりません。

●広告メールの要件
- 「オプトイン」であること
- 送信者のメアドの明記
- 実在アドレスへ送信（手当たり次第に送信してのメアド探し禁止）
- メールを断る方法が存在し，明記されている

オプトイン	受け取る人があらかじめ了承している
オプトアウト	了承なしで広告するが，受け取る人はいつでも拒否できる

迷惑メールなんてゴミ箱に入れちゃえばいいのに。

メールの80％以上が迷惑メールといわれていて，通信圧迫や受信者の時間を奪うなど，けっこう重大な問題です。ウイルスの経路でもありますし。

プロバイダ責任制限法

プロバイダ責任制限法は，掲示板などで誹謗中傷や情報漏えいなどの権利侵害が起こったとき，その掲示板サイトの管理者やプロバイダの損害賠償責任を免除する法律です。もちろん，権利侵害を知らなかった，防止することが技術的に不可能だったなど，免責には一定の条件があります。従来は，権利侵害に対応するために書き込みを削除すると，書き込んだ人の表現の自由を侵害する可能性が指摘されていましたが，この法律では権利侵害が明らかであれば，削除しても責任を問われないことが明文化されています。

また権利侵害を受けた人は，プロバイダに発信者情報の開示を請求できます。

●損害賠償責任を免除する一定の条件は
・防止することが技術的に不可能
・権利侵害情報があることを知らなかった

その他覚えておきたい法規

以下の3つの要点をおさえておきましょう。

電波法	試験対策としては，無線LANを傍受して復号，拡散する行為などの禁止を覚えておく
通信傍受法	裁判所の令状で，操作のために通信傍受ができる。実施時には立会人を置く
外国為替及び外国貿易法	軍事技術に転用できる暗号化技術などは，輸出制限対象

サイバーセキュリティ基本法

出題ナビ

サイバーセキュリティ基本法も，それを根拠に作られたサイバーセキュリティ戦略もかなり抽象的な文書です。抽象的な文書では，理念や方針が問われることが多いです。条文を丸暗記する必要はありませんが，どんなテイストの文書なのかは頭に入れておきましょう。

サイバーセキュリティ基本法とは

米国が「サイバー空間は第5の戦場」などとしたことを受けて，日本のサイバーセキュリティの理念と方針を定めた法律です。この法律を根拠に，サイバーセキュリティ戦略を作り，内閣に**サイバーセキュリティ戦略本部**が置かれます。

サイバーセキュリティ戦略は，自由で安心安全なサイバー空間が持続的に発展することを目的とし，**5つの原則**を掲げています

サイバーセキュリティ戦略の原則

① 情報の自由な流通の確保
② 法の支配
③ 開放性
④ 自律性
⑤ 多様な主体の連携

サイバー空間のリスク

サイバー攻撃は生活の中心を直撃し大きな災禍をもたらします。社会基盤が仮想化し，IoTなどによりさらにITの利活用が進む中で，サイバー空間におけるリスクは今後も高まり続けることが予測されます。

日本は先進国だから大丈夫だと思ってました。

ITへの依存が大きい先進国こそ，失うものが大きいのです。

合格のツボ

- サイバーセキュリティ基本法は，基本理念と国の責務を明文化
- サイバー空間に法の支配，開放，自律を！
- 国民にも努力が求められている

サイバーセキュリティ基本法の影響

基本法の第三条では，「国民一人一人のサイバーセキュリティに関する認識を深め」とあります。セキュリティの構築と維持に，組織の成員が**情報リテラシ**を持つことはとても有効ですが，それを国民全体に求めてきた形です。プログラミング教育必須化などとあわせ，人生のどのステージでもある程度の情報リテラシを持つことが当然視される傾向が強まるでしょう。

こんな問題が出る！

内閣は，2015年9月にサイバーセキュリティ戦略を定め，その目的達成のための施策の立案及び実施に当たって，五つの基本原則に従うべきとした。その基本原則に含まれるものはどれか。

ア　サイバー空間が一部の主体に占有されることがあってはならず，常に参加を求める者に開かれたものでなければならない。

イ　サイバー空間上の脅威は，国を挙げて対処すべき課題であり，サイバー空間における秩序維持は国家が全て代替することが適切である。

ウ　サイバー空間においては，安全確保のために，発信された情報を全て検閲すべきである。

エ　サイバー空間においては，情報の自由な流通を尊重し，法令を含むルールや規範を適用してはならない。

解説　イは多様な主体の連携と自律性をうたっています。国家が全てを担うわけではありません。ウは自律性が尊重されます。エは情報の自由な流通は尊重されていますが，無法地帯にしたいわけではありません。法の支配が貫徹されます。正答はアです。開放性の原則があります。

解答：ア

04 国際規格

出題ナビ

情報セキュリティに関する国際規格は急速に整備されています。国内規格にしても，日本単独のルールやガイドラインは少なくなり，何らかの国際規格に沿った形で作られることが多くなりました。その規格が何を目的に，どんな理念で作られているのかを理解しましょう。

情報セキュリティガバナンス ISO/IEC 27014

企業のガバナンス（コーポレートガバナンス）は，これまで透明性と健全性を中心に考えられてきました。本試験でも過去にいくつも出題があります。しかし，近年ではこれに加えて，安全性についてのガバナンスも必須であると考えられるようになりました。これが情報セキュリティガバナンスで，ISO/IEC 27014で標準化されています。

●覚えておきたいコーポレートガバナンス

・透明性には　→　情報開示を！
・健全性には　→　内部統制を！
・安全性には　→　リスク管理を！

ガバナンスの全体像は次の図のようになります。他の規格群と組み合わせることによって，業務全体がより洗練されたものになっていきます。単独で使うものではないことに注意してください。

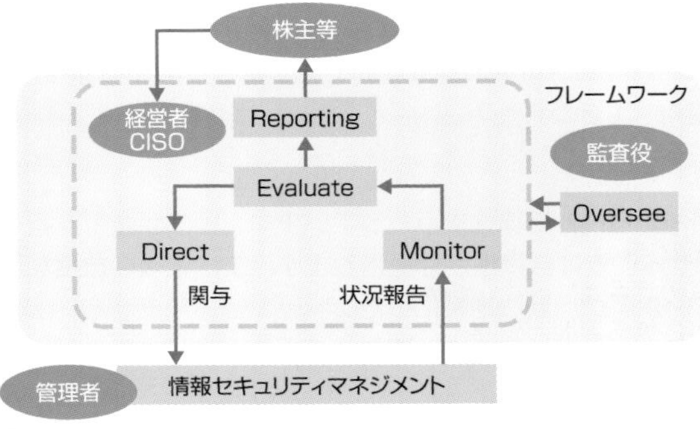

※ 経産省の資料より（https://warp.da.ndl.go.jp/info:ndljp/pid/10992692/www.meti.go.jp/policy/netsecurity/docs/secgov/2009_secgov-summary.pdf）

●**情報セキュリティガバナンスの原則**
① 組織全体の情報セキュリティを確立する
② リスクに基づく取組みを採用する
③ 投資決定の方向性を設定する
④ 内部及び外部の要求事項との適合性を確実にする
⑤ セキュリティに積極的な環境を醸成する
⑥ 事業の結果に関するパフォーマンスをレビューする

条文ばっかりで覚えられません！

一言一句を覚えさせられるような試験ではないので，雰囲気をつかみましょう。誰のための規格なのか，オープンか排他的か，くらいを理解しておくだけでも，当日の得点力が上がります。

ISO/IEC 15408（Common Criteria：CC）

情報セキュリティ評価の規格であるCC（→第4章09参照）を国際標準化したものです。本試験でよく問われる国際規格はセキュリティマネジメントシステムに関するものが多いのに対して，ISO/IEC 15408は情報システムやソフトウェアを評価する基準であることが特徴的です。

日本を含む多くの国で政府機関が情報システムを調達する場合の基準となっています。製品のセキュリティ水準はEAL1～7の7段階で示されるので，例えば「当社はEAL4未満の製品は導入しない」といった運用をすることが可能です。

合格のツボ

ISO/IEC 27014
- 情報セキュリティガバナンスのガイドライン
- 業務に適用すると，セキュガバができるようになる
- セキュガバはコポガバの一翼を担う

ISO/IEC 15408
- 情報システムのセキュリティ水準を評価する規格
- ある国で認証されると他の国もその製品を信用する枠組み(CCRA)がある

こんな問題が出る！

情報技術セキュリティ評価のための国際標準であり，コモンクライテリア（CC）と呼ばれるものはどれか。

ア　ISO 9001
イ　ISO 14004
ウ　ISO/IEC 15408
エ　ISO/IEC 27005

解説　ISO/IEC 15408はCCと呼ばれます。仮にこの知識がなくても，選択肢の中に「情報技術セキュリティ評価のための国際標準」はISO/IEC 15408しかありません。

解答：ウ

OECDプライバシーガイドライン

OECDプライバシーガイドラインは，経済協力開発機構（OECD）が示すプライバシー保護のガイドラインです。プライバシー意識の高い欧州の意見が色濃く反映されています。日本の各種法令もこのガイドラインの影響を受けているため，OECDプライバシーガイドラインの考え方を理解しておけば応用がききます。

●プライバシー保護の原則

①	収集制限の原則	→	本人の同意を得ないとダメ
②	データ内容の原則	→	正確で最新の情報にしないとダメ
③	目的明確化の原則	→	収集目的は明らかじゃないとダメ
④	利用制限の原則	→	同意した目的にしか使っちゃダメ
⑤	安全保護の原則	→	データはきちんと保護しないとダメ
⑥	公開の原則	→	どう運用しているかは公開しないとダメ
⑦	個人参加の原則	→	データの修正・消去に応じないとダメ
⑧	責任の原則	→	情報を収集した人はこれらに責任を負わないとダメ

合格のツボ

- 公開の原則は「個人データの収集方法・目的」の公開。個人データを公開するわけではない
- 責任の原則は「管理者の責任」のこと。社員全員が責任を負わされるわけではない

こんな問題が出る！

“OECDプライバシーガイドライン”には8原則が定められている。その中の四つの原則についての説明のうち，適切なものはどれか。

	原則	説明
ア	安全保護の原則	個人データの収集には制限を設け，いかなる個人データも，適法かつ公正な手段によって，及び必要に応じてデータ主体に通知し，又は同意を得た上で収集すべきである。
イ	個人参加の原則	個人データの活用，取扱い，及びその方針については，公開された一般的な方針に基づかなければならない。
ウ	収集制限の原則	個人データの収集目的は収集時点よりも前に特定し，利用はその利用目的に矛盾しない方法で行い，利用目的を変更するに当たっては毎回その利用目的を特定すべきである。
エ	データ内容の原則	個人データは，利用目的に沿ったもので，かつ利用目的の達成に必要な範囲内で正確，完全，最新の内容に保つべきである。

解説

ア　収集制限の原則について説明しています。
イ　公開の原則について説明しています。
ウ　目的明確化の原則について説明しています。
エ　正答です。

解答：エ

05 クラウドサービス関連のガイドライン

出題ナビ

クラウドはすっかり社会基盤の1つになりました。本試験でも基本的なクラウドのしくみを知っていることは前提で，それを運用するための注意事項やガイドラインなどについて問うてきます。なんでもクラウドというわけではなく，既存のオンプレミスシステムとの利点・欠点の違いをおさえましょう。

クラウドについて

クラウドとは，インターネット上の情報資源で計算処理や情報保存を提供するサービスです。自分が依頼者（クライアント）になって，提供者（サーバ）に何らかのサービス提供をお願いするという意味では，クライアント／サーバシステムと同じように思えますが，多くのクラウド事業者は膨大な数のサーバを揃え，リアルタイムで最適な資源配分などを切り替えつつサービスを提供します。

違いで覚える！

・クラウドとクライアント／サーバはどう違うの？

クライアント／サーバのサーバは社内にあったり，外部のサーバを利用する場合も，どのサーバかが明確！

・クラウドとコロケーションはどう違うの？

コロケーションは自分の機材を専門業者に預かってもらう。クラウドのサーバ群やその上で動くサービス群は，クラウド事業者のもの！

合格のツボ

- いわゆる「重たい処理」などもクラウド側でやってもらえる
  →端末がプアでも大丈夫。スマホ興隆の陰にクラウドあり！
- データもクラウド側に保存する
  →端末を落としても大事なデータはクラウド側にある，消えない，漏れない！

クラウドに死角なし！

所有から利用へ，ですね。でも利点ばかりの技術なんてありませんよ。プロセスやデータを外部化するわけですから注意が必要です。

● クラウドの注意点

クラウドの活用はコンピュータをより使いやすく，生活に密着したものに変えましたが，一方でどの国でどんなふうに処理されているのかわからない怖さもあります。情報セキュリティの確立にはリスクのコントロールが必須ですが，クラウドのリスクは見えにくいのです。

クラウドは どこにあるのか 分からない

クラウドサービス利用のための情報セキュリティマネジメントガイドライン

クラウド事業者について，セキュリティについての共通認識，事業者を選択するのに使える基準を示すガイドラインです。JIS Q 27002にプラスする形で使います。

内容の焦点は2つで，クラウド利用者向け手引き，クラウド事業者が実施するのが望ましいこと，です。「自らの情報セキュリティ基本方針とクラウド事業者の情報セキュリティ基本方針を比較し，その差異について検討することが望ましい」などと書かれています。

合格のツボ

- クラウドを使っている会社のためのオプション
- このガイドラインをもとにISO/IEC 27017（JIS Q 27017）が作られた
- JIS Q 27002（セキュリティ全般のガイドライン）＋JIS Q 27017（クラウドのガイドライン）という形で使う

06 個人情報のガイドライン

出題ナビ

やや出題が下火ですが，将来的にも出題はなくならないでしょう。現代の組織運営では，ある目的を達成するためにPDCAサイクルがまわるマネジメントシステムを導入するのがセオリーです。JIS Q 15001は，個人情報保護のマネジメントシステムを作るのが目的です。

プライバシーマーク制度

JIPDECが運営しているので，比較的試験で取り上げられやすい制度です。ある組織が個人情報の取扱いに気をつけるしくみをきちんと構築して運用しているかを審査して，合格した組織には**プライバシーマーク**をあげます。審査の基準として使うのは，JIS Q 15001です。

● JIS Q 15001（個人情報保護に関するコンプライアンス・プログラムの要求事項）

ちょっと文書が古いのでコンプライアンス・プログラムとなっていますが，近年の感覚だとここはマネジメントシステムと読み替えたほうがわかりやすいです。**JIS Q 15001**では，会社の中で個人情報を守るためのしくみとして，何をすればいいかがまとめられています。

例えば，個人情報の処理を外部にお願いして事故が起きたとき，どこが責任を負うのかなどを決めておけ，とか書いてあります。

前に過去問をやったら出てきました！

ちょっと前に出題が流行りました。今はやや下火ですね。

えっ，流行とかあるんですか！

新しいものは出題したいんですよ。試験を通して，世の中に広めたいという感じですね。

組織における内部不正防止ガイドライン

組織における内部不正防止ガイドラインは，試験センターの親玉組織であるIPAが策定したガイドラインです。最も対策しにくく，被害が大きい内部不正をどう防止すればよいかがまとめられています。

● 内部犯行者とは？

現在，過去の社員，ビジネスパートナーなど，アクセス権を持ち，それを悪用して組織のCIAに負の影響を起こす人

● 内部犯行の典型は？

システム悪用，情報持出，破壊行為

合格のツボ

内部不正への対策はコレ！

- **情報資源の監視**
- **アクセス権の管理（ライフサイクル全般にわたって）**
- **最小権限の原則**
- **契約書への情報保護責任明記**

こんな問題が出る！

システム管理者に対する施策のうち，IPA“組織における内部不正防止ガイドライン”に照らして，内部不正防止の観点から適切なものはどれか。

ア　システム管理者間の会話・情報交換を制限する。
イ　システム管理者の操作履歴を本人以外が閲覧することを制限する。
ウ　システム管理者の長期休暇取得を制限する。
エ　夜間・休日のシステム管理者の単独作業を制限する。

解説　確かにこのガイドラインに書いてはあるのですが，常識や一般通念で考えて正答を導ける問題です。会話を制限したら仕事できません。単独作業は魔が差して悪いことをしやすいです。

解答：エ

電子文書関連

出題ナビ

それほど問題を作りやすい分野ではないですが，国策の目玉であっただけに，しばらくは出題が続くことが予想されます。マイナンバーが何に使えるのかを中心に知識をまとめてください。マイナンバーを含む特定個人情報は，一般的な個人情報よりも厳しいルールが課されています。

マイナンバー

マイナンバーは行政手続に使う個人識別番号で，通知カードによって知らされる**12桁の数字**です。統一した番号を省庁横断的に用いることで，事務の効率化や顧客サービスの向上が企図されています。それだけに悪用されると被害が大きく，マイナンバーを含む情報は**特定個人情報**とされ，より厳密なルールで運用されます。

●マイナンバーの使い道

・**社会保障**，**税**，**災害対策**の事務手続「だけ」に使われる
・マイナンバーを含む（生存している人の）個人情報は，特定個人情報
・個人情報は本人の同意によって第三者提供できるが，特定個人情報は提供できるケースが限定的

● マイナンバーカード

任意で発行されるカードで，**顔写真**と**電子証明書**が含まれる身分証明書です。マイナンバーが記載され，番号確認と本人確認を1枚で済ませられます。電子証明書は民間事業者が活用することも可能です。

電子署名法

コンピュータのデータ（法律の文言では「電磁的記録」）に対して電子的な処置を施し，「本人が作った」，「中身が改ざんされていない」ことを証明できるようにするしくみが**電子署名**です。

電子署名法により，この電子署名が紙の書類に対する押印と同様に扱われるようになりました。

覚えにくいを覚えやすく

マイナンバー，マイナンバーカード，電子証明書

・マイナンバーの使い道は，社会保障，税，災害対策だけ！
・マイナンバーカードは，顔写真と電子証明書が含まれる身分証明書
・マイナンバーカードの電子証明書は，民間事業者活用推奨

マイナンバーで保育所の入所申請もできるそうじゃないですか。

使っていいのは法律に定めがある3分野だけです。マイナンバーカードと間違えないでください。っていうか，子どもいるんですか!?

e-文書法

会社の仕事で使う書類のうち，保存が義務づけられている種類のものでも，光学ディスクやフラッシュメモリに電子的に保存しておけばよいとする法律です。カルテや処方箋などの医療関係書類や，税務書類も電子保存が可能です。

●逆に電子保存じゃダメなものは……
・緊急性の高いもの！　避難マニュアルとか
・現物性の高いもの！　免許とか
・条約で制限がかかっているもの！

電子帳簿保存法

電子帳簿保存法は，国税関係帳簿書類を，電子データで保存してもいいよ，という法律です。個人レベルでも電子申告システムe-Taxが普及していますが，証憑類を大幅に電子化して，保存性や検索性，省スペース性を享受できるのはこの取り決めのおかげです。

08 労働関連の法規

出題ナビ

請負と派遣の違いなどは定番の出題です。指揮命令系統の図も含めて，頭に入れておきましょう。労働基準法の取り決めは多岐にわたりますが，本試験対策としてすべてを覚えるのはコスパが悪いです。出題者は時間外労働が好きなので，36協定をおさえておきましょう。

労働基準法

法定労働時間を超えた労働や休日労働を労働者にさせるには，あらかじめ労働組合と会社で協定を結び，労働基準監督署に届け出なければならないとする条項があります。労働基準法の第36条で規定されているので，**36協定**（「さぶろく」）と呼ばれています。当然ですが，協定を結んでも残業代を支払う必要があります。出題実績アリ。

▼労働者派遣契約の関係

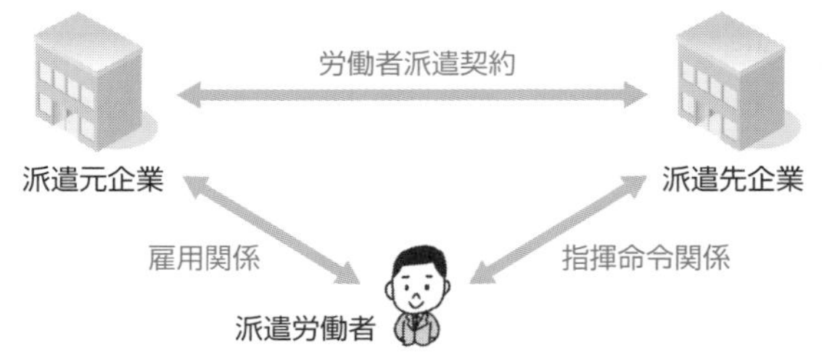

●請負～きちんとやるけど，細かいこと口出すなよ契約～

・請負側に仕事を完成させる責任
・請負側に瑕疵担保責任
・契約先に指揮命令権なし

●準委任契約～完成責任はないけど，プロとして期待してるよ契約～

・受注側に善管注意義務（善良な管理者の注意義務）
・契約先に指揮命令権なし

●労働者派遣契約～言われたことを，言われたようにやりますよ契約～

・契約先に指揮命令権あり
・「労働者派遣法」で規定

その他の契約

下請法

下請（ある会社（元請）が引き受けた仕事の一部（もしくは全部）をさらに別の会社（下請）が引き受けること）について取り決めた法律です。一般的に元請の規模や発言力が大きいため，下請が理不尽な目に遭わないような取り決めがあります。

出向

会社と社員が雇用契約を保ったまま，その社員が子会社などで仕事をすることです。給料はもとの会社から，指揮命令は出向先の会社から与えられます。

こんな問題が出る！

時間外労働に関する記述のうち，労働基準法に照らして適切なものはどれか。

ア　裁量労働制を導入している場合，法定労働時間外の労働は従業員の自己管理としてよい。
イ　事業場外労働が適用されている営業担当者には時間外手当の支払はない。
ウ　年俸制が適用される従業員には時間外手当の支払はない。
エ　法定労働時間外の労働を労使協定（36協定）なしで行わせるのは違法である。

解説　時間外労働は労使協定のもとで行われますのでエが正答です。他にもアとウは覚えておきたい事項です。アの裁量労働制についても，法定労働時間を超える場合は36協定を結ぶ必要があります。ウの年俸制でも，法定労働時間を超える就労には，時間外手当を支給します。

解答：エ

09 各種標準化団体と国際規格

出題ナビ

出題頻度は高くありません。思い出したようにISOやIEEEの設問がある程度です。しかし，各団体間の関係や歴史的経緯を知っていると，個別の規格についての理解が深まり結果的に得点力が向上します。標準化団体ごとに得意分野が違うので，カテゴリー別に分けて覚えると効率的です。

JIS

日本工業規格のことで，日本工業標準調査会が作ります。工業製品の形状や寸法を決めているイメージが強い規格ですが，本試験でよく問われる情報マネジメントシステムに関する規程や，用語の定義なども行っています。規約の国際整合化を進めるために，国際規格を和訳してJIS規格とすることも積極的に行われています。

ISO

国際標準化機構のことで，とても有名かつとてもたくさんの国際標準規格を作っている非営利団体です。本試験でもISOが定めた規格がぼこぼこ出てきますが，ISO/IEC 27000のように書かれるものもあります。これは，IEC（国際電気標準会議）と協同で作った規格です。

各国から1つの機関が参加するのが原則で，日本からはJISで知られる日本工業標準調査会が参加しています。

JIS Q 15001	個人情報保護マネジメントシステムー要求事項
JIS Q 27000シリーズ	情報セキュリティマネジメント
ISO/IEC 9000シリーズ	品質マネジメントシステム
ISO/IEC 14000シリーズ	環境マネジメントシステム

合格のツボ

- **JISは国際規格の和訳も行っている**
- **ISO/IEC 27000とJIS Q 27000は同じものとして扱われる**

IEEE

米国電気電子学会のことで，積極的な標準化活動を行っています。本試験ではIEEE 802.11シリーズ（無線LAN）などでよく目にします。技術寄りの規格が多いので，情報セキュリティマネジメント試験での遭遇率は低めです。

米国国防総省が関係する規格

社会インフラにどんどん情報技術が組み込まれている現在，情報技術の信頼性が国防を左右することもあります。そのため，米国国防総省が策定に関わった規格も多数にのぼります。

● TCSEC

情報システムのセキュリティ水準を評価する規格で，CC（ISO/IEC 15408）に先行する規格です。TCSECは今も運用されていますが，CCへの移行が進んでいます。

懐かしいですね……，表紙がオレンジ色なので「オレンジブック」というんですよ。

あー，そういう合格に関係のない昔話いらないです。

● CC

複数の国際規格を起源に持つ情報システムのセキュリティ水準評価規格です。アメリカでは国防総省麾下のNSA（国家安全保障局）と商務省旗下のNIST（国立標準技術研究所）が主導して対応しています。

● CCRA

CCの認証を相互承認する枠組みです。加盟国のどれかが認証した製品は，他の国でも同じように認証済み製品として扱われます。製品を認証することができ，自らも利用する認証発行・利用国（日本はこちら）と，認証された製品を使うのみの認証利用国があります。

10 マネジメントとオペレーションのガイドライン

出題ナビ

マネジメントシステムの構築と運用は面倒なので，ラクにできるよう各種のガイドラインが作られています。中には作りっぱなしであまり使われていない文書もありますが，出題としてはアリなので名前だけでも覚えておきましょう。監査基準と管理基準など，出題者の好むポイントです。

情報セキュリティポリシに関するガイドライン

各省庁が情報セキュリティポリシを策定するのに利用できるよう，基本的な考え方，策定方法，運用方法，見直し方法について説明したものです。行政機関向けをうたってはいますが，民間企業でも参考になります。

合格のツボ

- 初版は2000年で相当古い
- これに限らずガイドライン系の文書は古いものもあるが，出題はされるのでおさえておく

情報セキュリティ監査制度

監査活動はなかなかハードルが高いですが，現代では必須の活動になりつつあるため，各企業が導入しやすいようにいろいろくふうしてみた制度です。

- **情報セキュリティ監査基準**

監査人が監査をするときの行動規範。「監査される人から独立してないとダメ」とかが書いてある

- **情報セキュリティ管理基準**

情報セキュリティマネジメントの体制を構築・運用するときに使う実践規範，ガイドライン。監査して，いいかどうか判断するための尺度にも使う

対比で覚える！

●助言型監査
この辺を改善した方がいいですよ，と指摘してもらうのが主目的の監査。ハードルが低い。いずれ保証型監査に移行したい

●保証型監査
一定の基準（JIS Q 27001など）を満たしているか，○か×をもらう監査。それなりの準備をしていないと受ける意味がない

コンピュータウイルス対策基準

ウイルスの定義（自己伝染機能，潜伏機能，発病機能のうち，1つ以上を持つ）や，利用者，管理者，ソフト開発者，ネットワーク事業者がそれぞれ何をすればよいかが書いてあります。ウイルス検査をせずにファイル開くなとか，安易なパスワードを使うな，IDを共有するな，感染したら使用を中止して管理者に報告しろ，など常識的な内容です。

コンピュータ不正アクセス対策基準

不正アクセスを予防，発見，復旧，再発防止するために何をするべきかが書いてあります。利用者視点では，ユーザIDの共有はしない，パスワードを紙に書かない，教育を受ける，しでかしたら管理者に言うなどです。

情報システム安全対策基準

とても古い文書ですが，たまに出題があります。特徴的なのは，主に施設について記した基準であることです。立地の考慮，入退室管理の徹底，防災・防犯措置，防音や不燃，空調，停電対策などについてまとめています。

● システム監査基準

監査人の資質，監査の方法などを定めています。監査人は監査を受ける部署から独立していなければなりません。

● **システム管理基準**

システム運用のガイドラインです。信頼性，安全性，効率性の項目があり，監査人はこれと実際のシステムを見比べて監査します。

合格のツボ

- **システム監査基準とシステム管理基準は，超間違えやすい！**
- **システム監査で，判断尺度に使うのは「管理基準」のほう！**

こんな問題が出る！

“情報セキュリティ監査基準”に基づいて情報セキュリティ監査を実施する場合，監査の対象，及びコンピュータを導入していない部署における監査実施の要否の組合せのうち，最も適切なものはどれか。

	監査の対象	コンピュータを導入していない部署における監査実施の要否
ア	情報資産	必要
イ	情報資産	不要
ウ	情報システム	必要
エ	情報システム	不要

解説　情報セキュリティ監査は，情報システムのみに限定されるものではなく，情報資産全般に対して実施します。また，コンピュータを導入していない部署でも何らかの情報資産は持っているため，監査実施は必要です。

解答：ア

対比で覚える！

- システム監査　→　情報システム（の信頼性，安全性，効率性）
- 情報セキュリティ監査　→　情報資産（の機密性，完全性，可用性）

第 5 章

データベースとネットワーク

ネットワーク

01 ネットワークと OSI基本参照モデル

出題ナビ

まずプロトコルの概念をしっかり頭に入れましょう。OSI基本参照モデルは各階層の簡単な内容と代表的なプロトコル，階層間の関係を理解しておけば大丈夫です。通信機器がどの階層に属しているのかも，定番の出題です。簡単な問題が多いので，取りこぼしのないようにしましょう。

プロトコル

プロトコルとは通信のルールです。送信者と受信者の間で情報をやり取りするには，お互いが同じルールで動いていることが重要です。ふだんの会話でも,「日本語を使う」,「相手に聞こえる音量で話す」などのルールに従っています。

情報システムを使った通信の場合は，これらのルールを明示して各機器に実装されている必要があります。よく聞く**IP**や**TCP**といった用語はプロトコルで，このプロトコルに則った機器，ソフトウェア同士の通信を可能にします。

OSI基本参照モデル

プロトコルには，大きなルールをどかんと作ってしまう方法，小さなルールをたくさん作って組み合わせる方法があります。どちらも一長一短ありますが，拡張性や柔軟性，保守性の観点から後者が使われます。

小さなルールをたくさん作るときの区分けの仕方が，**OSI基本参照モデル**です。

1層から7層までに分けられていて，低層ほど情報機器のハードウェアに近く，高層は人間が使うサービスに関する取り決めになっています。例えば，物理層は「機器と機器を物理的につなぐ」プロトコルが集まっています。表中にあるルータやブリッジは，身近な通信機器がどの階層のプロトコルに対応しているかを示しています。

▼OSI基本参照モデル

上位層	第7層	アプリケーション層	……	ゲートウェイ
	第6層	プレゼンテーション層		
	第5層	セッション層		
下位層	第4層	トランスポート層		
	第3層	ネットワーク層	……	ルータ
	第2層	データリンク層	……	ブリッジ
	第1層	物理層	……	リピータ

アプリケーション層	アプリケーションソフトがやり取りする情報を定めている。HTTPやSMTPが代表例
プレゼンテーション層	データの表現形式に関するルールがまとまっている階層。JPEGやMPEGなどがお馴染み
セッション層	コネクションの確立やデータの伝送タイミングについて取り決める
トランスポート層	データの品質管理と通信するソフトウェアの特定に関するルールが所属する階層。TCPやUDPが代表例
ネットワーク層	異なるネットワーク間の通信ルール。IPが代表例
データリンク層	同じネットワーク内での通信ルールを取り決める。イーサネット，MACアドレスなどが代表的なプロトコル
物理層	通信ケーブルの口金や，無線通信の周波数などを取り決める

プロトコルってたくさんあるんですか？

星の数ほどありますよ。そのなかから自システムに最適なものを選んで組み合わせます。ただ，相性のいい悪いはありますね。これとこれは組み合わせられないとか。

コネクション型通信とコネクションレス型通信

通信路の確立を確認してから通信するタイプを**コネクション型通信**と呼びます。身近なところでは電話が代表例で，情報通信ではTCPが該当します。確認なしでメッセージをいきなり送りつけるのは，**コネクションレス型通信**です。郵便がこのタイプで，情報通信ではIPやUDPが該当します。

ネットワーク

IPアドレス

出題ナビ

IPはインターネットの根幹であるため，科目Aの知識問題から，科目Bのシナリオ問題まで幅広い内容が様々な角度から試されます。とくに，IPアドレスの読み方がわからないと，科目Bの設問条件そのものが読み取れないことがあるので，サブネットマスクなどに注意して勉強を進めていきましょう。

TCP/IP

IPはネットワーク層に属する通信規約で，これに従う機器はいわゆる「インターネット」に接続することができます。相性のいいトランスポート層プロトコルであるTCPやUDPとセットで使うため，TCP/IPとまとめて呼ぶこともあります。

IPアドレス

IPは様々なことを取り決めていますが，なかでも重要なのはインターネット上における各情報機器の識別に使うIPアドレスです。通信は，宛先がわからなければ届きませんが，この宛先や送り主を表すのがIPアドレスです。

IPアドレスは各端末につくんですよね。

正確にはNICにつきます。ふつうは1台のPCに1枚のNICですが，サーバなどでは複数NICを使うので，IPアドレスが複数になることもありますよ。

IPアドレスは，IPv4では32桁の2進数と定められています。この形式は人間にはとても読みにくいので，8桁ごとに4つのブロックに区切って，10進数に変換して使います。

32桁の2進数	11000000	10101000	00000000	00000001
8桁ごとに10進数	192.	168.	0.	1

IPアドレスは**ネットワークアドレス**と**ホストアドレス**に分かれること

で，使いやすくなっています。

ネットワークアドレス	ネットワークを表す番号
ホストアドレス	ネットワーク内での端末を表す番号

IPアドレスのどの部分がネットワークアドレスかは，**サブネットマスク**によって表します。サブネットマスクも32桁の2進数で，人間が読み取るときには10進数に変換して表記します。2進数の状態でIPアドレスと重ねて，1と重なる部分がネットワークアドレス，0と重なる部分がホストアドレスです。

```
11111111  11111111  11111111  00000000
```

ネットアークアドレスの長さを何ビットかで書く方法もあります。上記の例なら，192.168.0.1/24　と表記します。

IPv6

IPv4アドレスは，32桁の2進数で表す制約から，作れるアドレスは43億弱です。近年ではIPアドレスが足りなくなっており，新版であるIPv6の普及が期待されています。試験で問われる要素はアドレスに集中しています。IPv6では**128桁**の2進数でアドレスを表すようになり，アドレス不足が解消されました。

膨大なアドレス数があるため，16進数に変換して表記しますが，それでも長いので，0は短縮可能になっています。また連続する0は一箇所だけ「：：」として省略可能です。

16進数	FFFF:FFFF:0000:0000:0000:0000:0000:FFFF
0を短縮	FFFF:FFFF:0:0:0:0:0:FFFF
::で0を短縮	FFFF:FFFF::FFFF

合格のツボ

- 現在使われているIPにはIPv4とIPv6がある
- まだ一般にはIPv4が多く使われていて，出題もこちらが多い
- 特に注意書きがなければ，IPv4の知識で解答しよう

03 TCPとUDP

出題ナビ

TCPとUDPの違い，使い分けは出題者が突いてくるポイントです。また，ポート番号の基本的な理解は必須で，午前問題に出るのはもちろん，それを踏まえてシステムの運用などを読み解く設問が科目Bに設置されます。代表的なWell-Knownポートも覚えているのが前提の問題があります。

ポート番号

IPアドレスを使うことによって，世界中の端末を識別して，情報のやり取りをすることが可能です。しかし，IPアドレスはあくまでも端末につけられる番号です。現在のPCやスマホでは，端末上で複数のアプリケーションソフトが動いているため，IPアドレスだけではどのソフトへの通信がわかりません。これを識別するための番号が**ポート番号**です。トランスポート層のプロトコル（TCP，UDP）は，このポート番号の機能を提供します。ポート番号は16桁の2進数で表され，10進数だと0～65535の範囲になります。

システムポート（Well-Knownポート）

アプリが起動すると，OSが自動的に空いているポート番号を付与し，終了するときに回収します。ただ，この方法だと起動するまで何番がつくか分からないので，困ることがあります。そのため，サービス（アプリケーション）ごとに標準のポート番号が0～1023番までの範囲で定められています。これを**Well-Knownポート**と呼びます。

▼主なWell-Knownポート

ポート番号	サービス名	内容
25番	SMTP	メール送信
80番	HTTP	Web通信
110番	POP3	メール受信
443番	HTTPS	暗号化されたWeb通信

信頼性のある通信の提供

トランスポート層の重要な機能のもう1つは，信頼性の提供です。信頼性のある通信（コネクション型通信）がしたい場合は**TCP**を，必要がない場合（コネクションレス型通信）は**UDP**を選択します。

信頼性はあるほうがいいじゃないですか？

いいことには必ず対価が必要です。TCPの場合は信頼性を得るために，速度を犠牲にしています。通信機器への負荷も大きくなります。

TCPは信頼性確保のためにあれやこれやの手を駆使します。本試験対策としては**3ウェイハンドシェイク**と**ACK**を覚えておきましょう。

- ・3ウェイハンドシェイクは，通信に先立ってSYN（同期要求）とACK（確認応答）を3回やり取りし，コネクションを確立する。
- ・受信側はACK（確認応答）を返す。これがない場合，再送などの回復措置をとる。

合格のツボ

- **TCPとUDPのポートは別もの。TCP80番とUDP80番は違うポート**
  送信側と受信側のポート番号が違ってもきちんと通信できる

MACアドレスとIPアドレスの関係

MACアドレス（データリンク層）とIPアドレス（ネットワーク層）は，どうしてどちらかではいけないのでしょうか。MACアドレス＝氏名，アドレス＝住所と考えてみてください。MACアドレスは基本的には永続アドレスでくるくる付け替えたりはしません，一方IPアドレスは所属ネットワークを表す部分があり，例えば隣のビルに移動すると変更することになるでしょう。MACアドレス（氏名）だけでは大規模な通信はできません。またIPアドレス（住所）だけでは，初期設定をしないと使うことができず（MACアドレスは出荷時に既に付与されています），機器から見た場合のアドレスの永続性もありません。

ネットワーク

04 主要なアプリケーション層プロトコル

出題ナビ

HTTP, SMTP, POP3, DNSは必須知識です。どれもクライアント／サーバ型のしくみになっているので，各マシンの配置と役割を図化して思い描けるようにしておきましょう。それぞれセキュリティ上の脆弱性があるので，暗号化を施したHTTPSなどが用意されています。

アプリケーション層のプロトコル

HTTP（Web）やSMTP，POP3（メール）など，普段私たちが直接触れるアプリケーションについて規定したプロトコルです。基盤化され，数が絞られている下位層のプロトコルと比べると，とても数が多いのが特徴です。

● HTTP

Webページ（HTML文書）を記述するための文法であるHTML，Webページをやり取りするためのHTTP，Webページの所在を表すためのURLが3点セットです。これらを組み合わせることで，Webが利用できるようになっています。HTTP通信は要求と応答で成り立っています。要求したページが見つからなかったときの`404 Not Found`応答は有名です。近年ではセキュリティ意識の高まりを受けて，HTTPを暗号化した**HTTPS**が標準的に使われるようになっています。

● DNS

DNSはドメイン名を使うためのプロトコルです。IPアドレスはそのままでは使いにくいため，人間向けに意味のある文字列であるドメイン名が使われます。しかし，IPはドメイン名では通信できないので，IPアドレスに変換するのがDNSです。大規模な分散システムになっていて，クライアントは手近なDNSサーバに問い合わせることで，対応するIPアドレスを入手します。

● メール関連のプロトコル

SMTP	インターネット上でのメール送信に使われる。ASCIIコードにある文字（英数字や一部の記号）を送信できる。画像や音声，漢字などを送る機能はないが，MIMEというプロトコルにしたがってASCIIコードに変換することで送信可能。ユーザの認証機能がなく，迷惑メールの温床となったため，認証機能を追加したSMTP-AUTHや暗号化したSMTP over TLSなどが使われている
POP3	インターネット上でのメール受信に使われる。メールを受信したメールサーバから取り出すだけのシンプルなプロトコル。認証機能はもともと持っているが，暗号化したPOP3 over TLSへ移行しつつある
IMAP4	複数端末やモバイル環境を意識したメール受信プロトコル。選択したメールのみの受信や添付ファイルのみ／除いた受信などが可能

重要

メール受信 最近人気の IMAP

● DHCP

IPアドレスやサブネットマスクの設定を，クライアントに自動配布するためのしくみが**DHCP**です。DHCPに対応したクライアントは電源が入ると，ブロードキャスト通信（全員宛の同報通信。まだサーバの位置さえ知らないため）でIPアドレスをリクエストし，DHCPサーバがこれに応えます。

IPアドレス節約の観点からもDHCPは重要です。利用者が帰宅するなどして使っていないPCにIPアドレスは必要ありません。DHCPでは電源OFF時に貸していたIPアドレスを回収し，別のPCに貸し出すことで，効率的なアドレス運用が行えます。

- DHCPを使うマシンと使わないマシンが混ざっても大丈夫（アドレスが重複するとダメ）
- IPアドレスは使い回しされる。ずっと同じIPアドレスを借りたければ予約が必要

送信ドメイン認証

SMTPはインターネットの初期からある古典的なプロトコルで，これらの古い規約は性善説に基づいて作られています。送信時に認証のステップがないことが典型で，現在では迷惑メールを簡単に送信できる原因になってしまっています。そこで，メールの送信時にも利用者の認証を行うSMTP-AUTHや，SMTPをTLSで暗号化するSMTPS（SMTP over TLS）が普及しました。

正規のメールサーバからの迷惑メール送信が困難になった攻撃者が次に考えたのは，メールサーバのなりすましです。自前でメールサーバを用意するものの，送信元アドレスには正規のメールサーバの情報を詐称します。これを防ぐのが送信ドメイン認証です。

送信ドメイン認証の利点は，サーバのみに適用すれば使い始められる導入のしやすさです。

● SPF

最もよく問われるのはSPFで，IPアドレスが偽装しにくいことを利用して，到着したメールの送信元ドメインをDNSに問い合わせ，そこで回答されたIPアドレスと実際のメールの送信元IPアドレスが一致するかを確かめます。

SPF情報は，TXTレコードとして次の形式でDNSに登録します。

```
通信の許可（+）／拒否（−）　プロトコル　範囲
```

記述例	意味
+ip4:192.168.0.1 −all	192.168.0.1からのメールのみ許可
+ip4:192.168.0.1 +ip4:192.168.0.2 −all	192.168.0.1と192.168.0.2からのメールのみ許可
+ip4:192.168.0.0 −all	192.168.0ネットワークからのメールのみ許可
−all	全て拒否

TXTレコードの記述例

たとえば，この記述例の3番目では，+ip4:192.168.0.0になっていますから，192.168.0.0はメールを送信する可能性がある正当なアドレスだということがわかります。ネットワークアドレスですから，1台のホストではなくてそのネットワーク全体からの送信が許可されています。続いて-allと書かれているので，192.168.0.0以外からのメール送信は許可されていません。

● DKIM

同種の技術としてDKIMがあります。これも送信ドメイン認証の技術ですが，DNSとデジタル署名を併用するのがポイントです。メールヘッダの一部と，メール本文に対して署名するので，メールが改ざんされればそれも検出可能です。

検証に使う送信元ドメインの公開鍵を，送信元ドメインのDNS（TXTレコードの形で公開鍵を登録しておく）から入手するので，SPFとのしくみの違いを意識しましょう。

こんな問題が出る！

PCを使って電子メールの送受信を行う際に，電子メールの送信とメールサーバからの電子メールの受信に使用するプロトコルの組合せとして，適切なものはどれか。

	送信プロトコル	受信プロトコル
ア	IMAP4	POP3
イ	IMAP4	SMTP
ウ	POP3	IMAP4
エ	SMTP	IMAP4

解説　メールは送信と受信でプロトコルが分かれているのが特徴で，送信にはSMTP，受信にはPOP3やIMAP4が使われます。IMAP4は複数の端末からメールを利用することやモバイルでの利用を想定して，選択的なメールダウンロードや既読の一元管理などが行えます。

解答：エ

ネットワーク

05 無線LAN

出題ナビ

無線LANは様々な規格があり，動作が複雑で，現実にもインシデントが多いため，出題者に狙われやすい領域です。まず，通信システムとしての特徴やESSIDなどの基本的な要素を理解し，その上で，暗号化の必要性や実際に使われる暗号化規格，運用時の注意点などを整理しておきましょう。

IEEE 802.11シリーズ

LANを無線化したのがIEEE 802.11シリーズで，急速な発展を遂げたため短期間で多くの規格が作られました。

	最大通信速度	周波数	特徴
IEEE 802.11b	11Mbps	2.4GHz	早くから普及
IEEE 802.11a	54Mbps	5GHz	周波数帯により場所等に制限
IEEE 802.11g	54Mbps	2.4GHz	11bと上位互換
IEEE 802.11n	600Mbps	2.4GHz/5GHz	11b，11a，11gと上位互換
IEEE 802.11ac	1.3Gbps	5GHz	2.4GHz帯を使う過去製品の運用も配慮されている
IEEE 802.11ax	9.6Gbps	2.4GHz/5GHz	多数同時アクセス能力が高い

ESSID

有線と違って，複数の電波を受信・接続できるため，どのアクセスポイントかを識別するESSIDが使われます。

CSMA/CA

有線LANと同じように，無線LANでも通信が衝突する可能性があり，これを回避するためのしくみが**CSMA/CA**です。有線LANが衝突を検知して再送するのに対して（CSMA/CD），無線LANでは衝突が検知できないため，回避（CA）になっているのが相違点です。他の機器のデータ送信が終了した後，ランダムな時間をとってから送信を始めます。

このため，理論上得られる速度よりも，実効速度がかなり遅くなる特徴があります。

なんでランダムな時間，待つんですか？

みんな自分の番を待ち構えてるから，終わった瞬間に送信するとぶつかるんですよ。

Wi-Fi

初期の無線LANでは，同じ規格に則った製品でも，必ずしも接続できるとは限りませんでした。そのため，業界団体Wi-Fi Allianceによって相互接続テストが行われ，合格した製品がWi-Fi認証を受けました。利用者はWi-Fiのロゴがあることによって，安心して製品を購入できるようになったのです。今ではほぼ無線LAN＝Wi-Fiとして意味が定着しています。

無線LANの暗号化

無線LANは，伝送路として無線を使うため，盗聴に対して脆弱です。盗聴者はまったく苦労せずに，電波を受信することができるからです。無線LANを安全に使うために，暗号化は必須です。試験で問われる暗号化規格として，WEP，WPA，WPA2，WPA3を理解しておきましょう。

● WEP

WEPは初期に普及した暗号化規格です。秘密鍵の設定がアクセスポイントごと（利用者ごとに鍵を変えられない），暗号化プロトコルに既知の脆弱性があるなど，すでにその役目を終えた規格です。

そうはいっても僕のゲーム機はWEPにしか対応していないんですよ！

そんなケースで，仕方なく無線LAN全体でWEPを使えるようにして不正アクセスされる……というのは定番のインシデントです。

無線はどこにでも飛んでしまうのがとにかく問題
↓対応策
・アクセスポイントのセパレータで各ユーザ間の通信ができないようにする
・MACアドレスで接続できる端末をフィルタリングする

WPA/WPA2

WEPの次の世代の規格です。WEPの脆弱性を受けて急いで策定され，**WPAではTKIP**（運用中の鍵変更），**WPA2ではAES**（当時最新の共通鍵暗号プロトコル）を利用可能にしたのが大きな特徴です。

WPA3

WPA2もだいぶ古くなり，危殆化が進んだことを受けて定められたセキュリティ規格です。WPA2と比較すると，AES-GCMP暗号化アルゴリズムが追加され，より強固な暗号方式が使えるようになりました（WPA2はAES-CCMPのみ）。

パーソナルモードではPSKからSAEに認証方法が変わり，エンタープライズモードでは暗号鍵のサイズとして192ビットが選べるようになっています。

IEEE 802.1X

IEEE 802.1XはLANに参加するときに端末を認証するしくみです。有線でも無線でも使えますが，特にやりようによっては誰でも参加できてしまう無線LANでの出題が目立ちます。IEEE 802.1Xでは3つの機器が使われます。

・**サプリカント**……クライアント。接続しようとする端末もしくはその上で動作するソフトウェアのこと
・**オーセンティケータ**……IEEE 802.1X対応のスイッチングハブ，無線LANであれば対応アクセスポイント
・**RADIUS認証サーバ**……認証情報をEAPと呼ばれる通信プロトコルで受け取り，認証の許可／拒否を行うサーバ

06 データベースの基礎

出題ナビ

科目Bでデータベースが主題になる可能性は低めです。そのため，科目A対策を主眼に考えましょう。広く浅くキーワードを覚えることを心がけてください。排他制御とリカバリは比較的狙われるカテゴリです。言葉での説明で迷うようなら，ポンチ絵を頭に浮かべられるようにしてみましょう。

リレーショナルデータベース

データベースの中で最も普及しています。リレーショナルモデルをもとにしており，表（テーブル）形式でデータを保存・操作することに特徴があります。1件のデータを1行(1レコード)として格納し，各列はデータの各属性を表します。

● 主キー

あるレコードを見つけるための手がかりにするための属性です。主キーには重複があってはいけません。例えば，学籍番号は主キーにできますが，氏名は同姓同名の可能性があるため無理です。属性の中にいくつも主キーになり得るもの（候補キー）がある場合，管理者がその中の1つを主キーに定めます。

● DBMS

データベースマネジメントシステムのことで，データベースを管理するための要になるソフトウェア，ハードウェア，ノウハウなどを指す用語です。狭義にはソフトだけを示すこともあります。

データベースに対する操作（**集合演算**や**関係演算**，**排他制御**，**バックアップ**，**リカバリ**など）を一手に引き受けます。業務システムの中でも極めて重要な基幹部分です。

● 排他制御

データに矛盾を発生させないしくみです。データベースは多くの人が共有して使うため，なんの制約もないとデータが意図しない値になることがあります。書き込みにだけ制約をかける**共有ロック**と，読み込みも書き込みも制約する**専有ロック（排他ロック）**があります。

リカバリ

データの喪失は極力避けたい事態です。そのため，DBMSではバックアップの他に**ジャーナル**（**ログ**）を常に記録しており，障害時にはこれを利用してリカバリ（**リストア**）します。障害の種類によって，リカバリ方法を使い分けます。

● ロールフォワード

物理的な障害のときに使います。ある時点のバックアップを復元し，そこに更新後ジャーナルを適用して，障害直前の状態まで復元します。

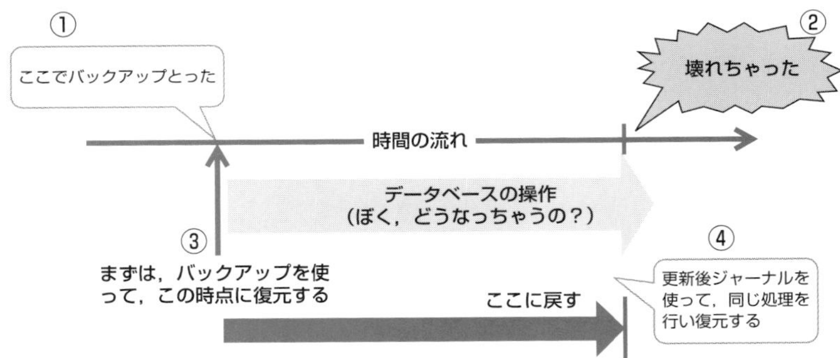

● ロールバック

論理的な障害のときに使います。処理がうまくいかなかった，ということなので，更新前ジャーナルで処理する前まで巻き戻す感じです。

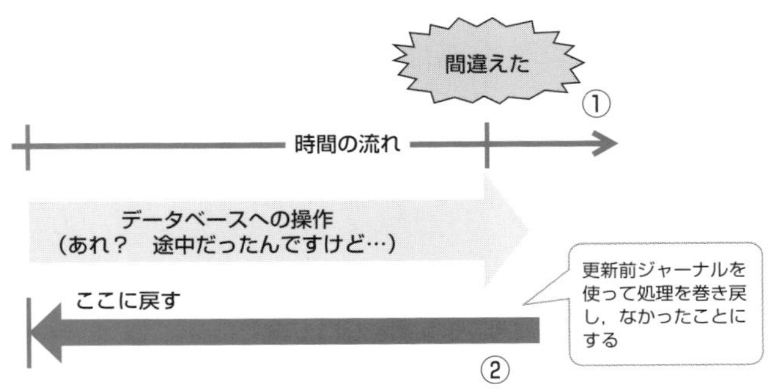

第6章

セキュリティを高める業務運用

01 情報システム戦略の策定

出題ナビ

共通フレームの各プロセスの話題は頻出です。どのプロセスがどの順番に配置されているか，あるプロセスは何のために存在するのかは，完全でなくてもいいので頭に入れておきましょう。プロセス数が多くてクラクラしますが，事故対応とユーザサポートにまつわるプロセスに出題が集中します。

共通フレームとは

ソフトウェアは目に見えないため，「こんなはずじゃなかった」，「バグの修正は別費用なの？」といった齟齬が発生することがあります。利害関係者を同じ言葉で話せるようにし，ソフトウェアライフサイクルの各段階で何をすればいいかを示したのが**共通フレーム**です。

● 共通フレームのプロセス

ここが開発のPDCAで一番重要！サブプロセスの名前はややこしいが，問題文に出てくるので慣れておきたい。丸暗記はしなくて大丈夫

上流

- 合意プロセス（契約する）
  取得プロセス，供給プロセス，合意・契約の変更管理プロセス
- テクニカルプロセス（開発する。上流工程（企画や要件定義）が出る！）
  企画プロセス，要件定義プロセス，システム開発プロセス，ソフトウェア実装プロセス，ハードウェア実装プロセス，保守プロセス
- 運用・サービスプロセス（保守する）

下流

- 支援プロセス（ドキュメントを作ったり，監査をしたり）
- 組織のイネーブリングプロセス（人的資源管理やインフラ管理）

合格のツボ

共通フレームは
- 目的は，各ステークホルダの円滑なコミュニケーション
- 超上流工程を重視

● 上流工程とは？

仕事の前後関係がはっきりしているモデルにおいて，最初の方に行う仕事です。上流工程での間違いは最初まで戻る手戻りとなるので被害甚大です。極めて重要視され，経営層の関与が要求されます。

●上流工程としてよく問われるプロセス

- **企画プロセス**…経営目標を実現するために，システム化構想・システム化計画を行う
- **要件定義プロセス**…システムの業務要件（業務上実現すべきこと），機能要件（必要な機能や開発方式など），非機能要件（品質目標や動作条件など）を決める

BPR

業務手順や社内規程，組織構造などを抜本的に再構築することです。既存の仕事を情報化しただけでは，たいして使いやすくなりません。手書きをワープロにしたけどルール上ハンコが必要なので結局印刷するなどの非効率が起こります。そこでBPRをするわけです。

情報システム化委員会

最適な情報システムを構築・運用するための委員会で，システム管理基準に出てきます。会社の情報システムに関する活動のモニタリングと改善も行います。

こんな問題が出る！

共通フレームによれば，企画プロセスにおいて明確にするものはどれか。

ア　新しい業務の在り方や手順，入出力情報，業務上の責任と権限，業務上のルールや制約などの事項
イ　業務要件を実現するために必要なシステムの機能，システムの開発方式，システムの運用手順，障害復旧時間などの事項
ウ　経営・事業の目的及び目標を達成するために必要なシステムに関係する経営上のニーズ，システム化又はシステム改善を必要とする業務上の課題などの事項
エ　システムを構成するソフトウェアの機能及び能力，動作のための環境条件，外部インタフェース，運用及び保守の方法などの事項

解答：ウ

共通フレーム各プロセスの詳細

前節と同様に共通フレームの話題ですが，超上流以降のプロセスについて見ていきましょう。この試験では，プロセスの内容と順番に気をつけておけば大丈夫です。上流工程の重要性がうたわれているため，要件定義が狙われがちです。機能要件，非機能要件の違いなどに注意して学習しましょう。

共通フレームの各プロセス

共通フレームは多くの**大プロセス**と**小プロセス**でできています。大プロセスは先の説明にも出てきたとおり，合意プロセス，テクニカルプロセス，運用・サービスプロセス，プロジェクトプロセス，支援プロセス，組織のイネーブリングプロセスで，各プロセスが連携して業務を作り上げます。大プロセス「テクニカルプロセス」の内訳は頻繁に問われるので，順番に気をつけておおよその内容を理解してください。

▼テクニカルプロセスの内訳

システム要件定義	システム化する範囲や，どの業務をシステム化するかを決めるプロセス。システムの機能要件，非機能要件を決定する。
システム方式設計	システムの処理方式，ハードウェア，ソフトウェアなどの構成を決めるプロセス
ソフトウェア要件定義	いわゆる外部設計で，外部とやり取りする部分について決定する。データの定義，外部インタフェース（UI，帳票類）などが出題される
ソフトウェア方式設計	いわゆる内部設計で，必要な機能をコンポーネントに割り当て，コンポーネント同士をどうつなげば1つのソフトウェアになるかを決定する
ソフトウェア詳細設計	コンポーネントをもっと細分化してユニットという単位にまで細かくする。ユニットはすぐにコーディングを始めることができるまで具体化され，かみ砕かれた状態
ソフトウェア構築	設計に基づいて，プログラミングを行う
ソフトウェア導入	旧システムから新システムへの切り替えを行う。移行計画，移行手順書の作成や移行環境の作成，移行リハーサル，失敗した場合の切り戻しなどを含む
保守	保守戦略を決定し，システムの故障や業務プロセスの変更に対応した修正などを行う。故障対応だけでなく，故障させないための予防保守なども含まれる

特に「作るプロセス」と「テストするプロセス」の対応関係はややこしいので，出題者が狙ってきます。下図に掲げますので，よく覚えて得点源にしましょう。

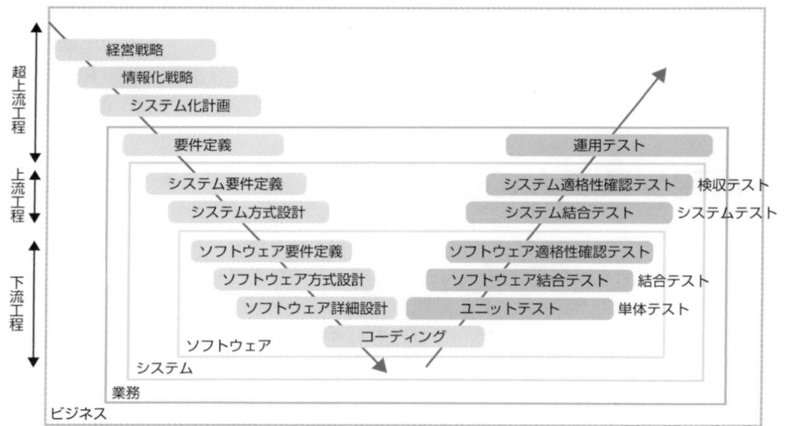

ややこしいを覚える！

要件定義が2つでややこしい！

●システム要件定義　→システム化する範囲を決める
●ソフトウェア要件定義　→ソフトの機能，インタフェースを決める

設計が3つでややこしい！

●システム方式設計　→ハード，ソフトの構成を決める
●ソフトウェア方式設計　→ソフトをコンポーネント単位に分割する
●ソフトウェア詳細設計　→コンポーネントをユニット単位に分割する

03 調達

出題ナビ

RFIとRFPがとにかく狙われます。現実に，口約束でこのプロセスが進行し，最終段階で大げんかに……ということもあるので，RFPを浸透させたい意思も感じます。今後も出題があるでしょう。RFQ自体の出題は多くありませんが，RF*というくくりで出題されています。まとめて覚えてしまいましょう。

情報システムの調達

利用者が情報システムを作るとき，自分で作るという選択肢もありますが，多くは専門事業者であるSIer（システムインテグレータ）にシステム開発を発注します。情報システムの開発には極めて多くの情報が必要であるため，何度ものやり取りを経てSIerを選定するのが一般的です。

● RFI (Request for Information)

ベンダに対して情報提供を依頼する文書です。後述のRFPを作成するために，ベンダの商品ラインナップや業界の技術動向を知ることが目的となります。

● RFP (Request for Proposal)

ベンダに対して提案書の作成を依頼する文書です。見積もりなども含むシステムの本格的な提案となるため，システム導入の目的や要求事項，予算，納期などを知らせないと作ってくれません。回答までにもそれなりに時間がかかります。複数のSIerにRFPを送り，出てきた提案書をもとに，どのSIerに発注を行うかを選定します。

合格のツボ

- RFI（の情報をもとに）→RFP（を作る）
- どちらも作るのは利用者側
- 本命はRFP。その準備のためのRFI

RFPを書くコツはありますか？

機能要件と非機能要件をごっちゃにしないなど，出題ポイントになっている事項がありますよ。

● RFQ (Request for Quotation)

見積書の作成を依頼する文書です。RFPによって出てくる提案書に見積もりが含まれていることも多いですが，大規模システムなどでは提案書のあとにRFQ→見積書提出となることもあります。

こんな問題が出る！

図に示す手順で情報システムを調達するとき，bに入るものはどれか。

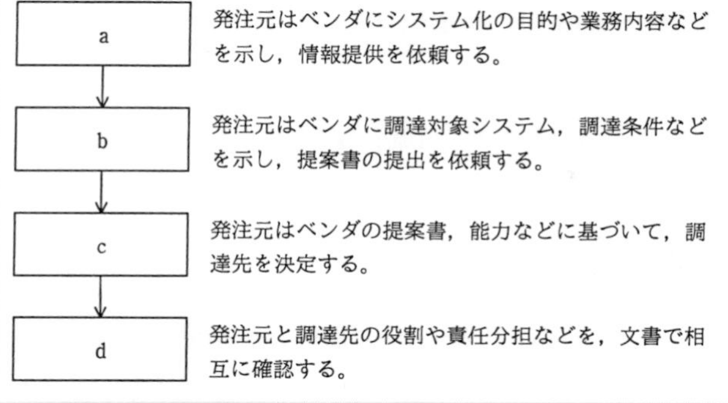

a
発注元はベンダにシステム化の目的や業務内容などを示し，情報提供を依頼する。
b
発注元はベンダに調達対象システム，調達条件などを示し，提案書の提出を依頼する。
c
発注元はベンダの提案書，能力などに基づいて，調達先を決定する。
d
発注元と調達先の役割や責任分担などを，文書で相互に確認する。

ア　RFI　　　　　イ　RFP
ウ　供給者の選定　エ　契約の締結

解説　提案書の提出を依頼するのはRFPです。RFIと間違わないように注意しましょう。RFPの方が後です。

解答：イ

脆弱性情報

脆弱性を世界共通の尺度で評価して，調達のときに参照したり，インシデントが起こったときに素早く対応する枠組みが作られています。

- CVE……米国の脆弱性情報データベース。ここで決められた脆弱性を識別する一意な番号が，各所で使われている
- CVSS…脆弱性の重大度の標準化
- CWE……脆弱性の種類の標準化
- JVN……日本最大の脆弱性情報データベース（→第2章08参照）

● CVSS

最頻出はCVSSです。情報システムの脆弱性がどのくらい重大なものなのかを，3つの視点で数値化して表します。

基本値	脆弱性固有の深刻度がわかる。固定値。
現状値	脆弱性の現在の深刻度がわかる。対策が進むと深刻度が下がるなど，値が変化する。
環境値	脆弱性の最終的な深刻度がわかる。利用者ごとに変化する。

● CWE

脆弱性の種類を示します。階層構造でまとめていて，ビュー，カテゴリ，脆弱性，複合要因の4つに分類されています。

PCIDSS

クレジットカード情報を安全にやり取りするための国際規約です。カード会員のデータと決済情報を保護するための12個の要件があります。

- 安全なネットワークの構築と維持（①FW，②パスワード）
- カード会員データの保護（③会員データ保護，④暗号化）
- 脆弱性管理プログラムの維持（⑤セキュリティ対策ソフトの導入，⑥セキュアなシステム開発）
- 強固なアクセス制御手法の導入（⑦最小権限，⑧ID共有の禁止，⑨物理アクセスの制限）

・ネットワークの定期的な監視およびテスト（⑩アクセスの監視，⑪セキュリティの定期的な監査）
・情報セキュリティポリシの整備（⑫）

こんな問題が出る！

共通脆弱性評価システム（CVSS）の特徴として，適切なものはどれか。

ア　CVSS v2とCVSS v3は，脆弱性の深刻度の算出方法が同じであり，どちらのバージョンで算出しても同じ値になる。
イ　情報システムの脆弱性の深刻度に対するオープンで汎用的な評価手法であり，特定ベンダに依存しない評価方法を提供する。
ウ　脆弱性の深刻度を0から100の数値で表す。
エ　脆弱性を評価する基準は，現状評価基準と環境評価基準の二つである。

解説

CVSSではポイントとして，

・情報システムの脆弱性に対するオープン（特定のベンダに依存しない）な評価手法であること
・基本評価基準，現状評価基準，環境評価基準の3つ基準で脆弱性を評価すること

を覚えておきたいです。

ア　v3で基本評価基準に変更が加えられていますが，マニアックな知識です。これがわからなくても，基本さえ理解しておけば正答が選べる作りになっています。×
イ　簡潔かつ要点をおさえた，よい説明文です。過去問の正解の文言で技術を覚えておくと，実務でも役に立ちます。○
ウ　1.0から10.0までの値で脆弱性の緊急度を表します。これも知っているに越したことはありませんが，知らなくても正解できます。×
エ　脆弱性そのものの特性を評価する基本評価基準が抜けています。×

解答：イ

システムの形態と性能

出題ナビ

出題の前提条件として使われることも多い古典的な知識ですが，シンクライアントやクラウドはセキュリティとの接点も多く，積極的な出題の対象になっています。近年のトピックは仮想化です。この試験の場合，技術的詳細ではなく，仮想化によって得られる利点と欠点が出題のポイントとなります。

集中処理と分散処理

コンピュータの主要な能力をどこかに集中させるのが集中処理，各端末に分散させるのが分散処理です。例えば，銀行のATMはそこでお金の計算をしているわけではなく，中央のホストコンピュータがまとめて仕事をする集中処理です。

クライアントサーバシステム	分散処理の一形態で，サービスを要求するクライアントと，サービスに応答するサーバに役割分担がなされている形式。例えば，ブラウザ（Webクライアント）とWebサーバでは，Webページを見る側と見せる側に役割が分かれている。
シンクライアント	「シン」は薄いの意味で，クライアントがあまり仕事をしない形式。サーバに演算処理やデータ保存を任せるため，クライアントを紛失しても被害を小さく抑えられ，セキュリティ対策として注目されている。対義語はファットクライアントで，こちらはクライアントが豊富な処理性能を備えたくさん仕事をする。

仮想化

コンピュータの資源（CPU，メモリ，記憶装置など）を抽象化する技術です。実物のPCの数や性能を急に増やすのは難しいですが，仮想化されたPCなら，簡易な設定で最適な性能・容量の資源を使えます。ただし仮想化そのものの処理負荷がかかることに注意が必要です。

クラウドコンピューティング（IaaS，PaaS，SaaS）

インターネットに接続されたサーバ群（多くは，規模の経済と可用性を追求した膨大なサーバ群）が，クライアントに対してサービスを提供する形式です。国をまたぐ大規模サービスも一般的です。提供するサービスによって，**IaaS**，**PaaS**，**SaaS**に区別します。

わかりにくいを力業で覚える！

IaaS	インフラサービス	ハードウェアを提供する（CPUや記憶装置）
PaaS	プラットフォームサービス	OSを提供する
SaaS	ソフトウェアサービス	アプリケーションを提供する

ASPは，現時点においてはほぼSaaSと同義です。ソフトウェアを購入するのではなくサービスとして提供します。古い言葉で，当時はクラウドと組み合わされていなかったため使い勝手が悪く，普及しませんでした。

システムの性能指標

ターンアラウンドタイムとレスポンスタイムが間違えやすいので，よく狙われます。スループットは，単位時間あたりの処理量です。

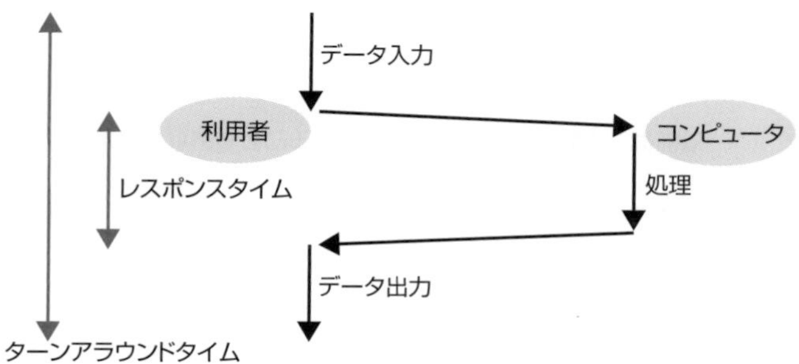

こんな問題が出る！

利用者が，インターネットを経由してサービスプロバイダのシステムに接続し，サービスプロバイダが提供するアプリケーションの必要な機能だけを必要なときにオンラインで利用するものはどれか。

ア　ERP　　イ　SaaS　　ウ　SCM　　エ　XBRL

解答：イ

IT ガバナンス

出題ナビ

経営者が暴走しないよう監視しよう，から始まり，各ステークホルダが納得できる合理的で公正な意思決定を素早く行おう，という形へ発展した考え方です。そのためのしくみ（内部統制）を組織や業務に組み込んで実現します。各用語の位置付けを明確にしておくと覚えやすいです。

コーポレートガバナンス

コーポレートガバナンスは企業統治と訳される考え方で，企業が公正で素早い意思決定を行えるようなしくみを組織や業務に組み込もう，という考え方です。企業は，正しい判断を迅速に行う必要に迫られていますし，妙な経営方針を持ったり，反社会活動をするようになったら大変です。株主や従業員，顧客などを考慮した意思決定をするためにコーポレートガバナンスがあります。

私企業なのにいろんなところに配慮するんですね

以前は「経営者の監視」と説明されることもありました。経営者が好き勝手しても困りますからね。でも，経営の透明性が増すことで，非合理を排し，不祥事を減らせるなど，結果的に企業にメリットがあります。

内部統制

内部統制は，コーポレートガバナンスを現実に行うためのしくみで，法令遵守や業務効率性の達成を業務の中に手順として組み込み，全員が実行するよう組織や規程を整備します。**モニタリング**も重要で，内部監査をはじめとする各種監査によって，本当に目的が達成できているかチェックします。

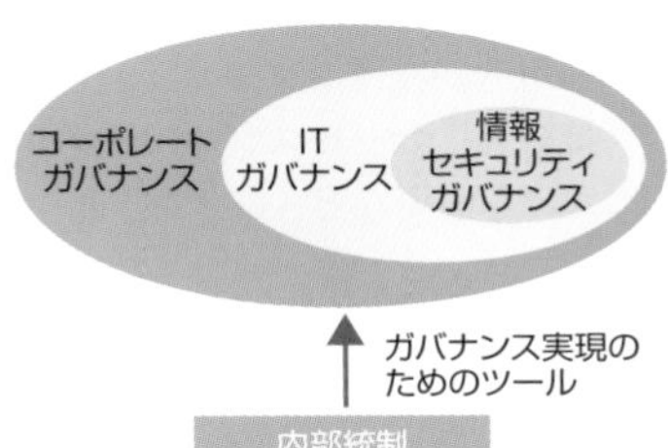

ITガバナンス

ITガバナンスはコーポレートガバナンスの一部で，情報システムについて最適な戦略を採用・運用して，あるべき目標に到達することが常にできるようなしくみを組織に組み込むことです。

合格のツボ

- ITガバナンスは誰がやるのか　→　経営陣！
- 経営陣はITが分からない　→　経営戦略と密接に関わるから，それでも経営陣がコミットする必要アリ
- 情報部門だけに任せた結果，性能は素晴らしいが経営目標と外れたシステムが出来上がることはとても多い。協力必須！

情報セキュリティガバナンス

情報セキュリティの観点から行われるガバナンスです。企業活動全体から見れば一部に思えますが，近年非常に重要視されています。自社の情報，システム，経営を守り，発展させるためにセキュリティインシデントを起こさないことが極めて大事だからです。企業の社会的責任の観点からも，経営陣が情報セキュリティにしっかりコミットすることが求められています。

こんな問題が出る！

企業経営の透明性を確保するために，企業は誰のために経営を行っているか，トップマネジメントの構造はどうなっているか，組織内部に自浄能力をもっているかなどの視点で，企業活動を監督・監視する仕組みはどれか。

ア　コアコンピタンス　　　　イ　コーポレートアイデンティティ
ウ　コーポレートガバナンス　エ　ステークホルダアナリシス

解説　企業活動の監督・監視がキーワードで，コーポレートガバナンスが該当します。ウが正答です。

解答：ウ

06 セキュリティシステムの実装

出題ナビ

自社にとってどの製品が最適かは，高度試験午後問題の定番です。高度試験の設問はしばらくすると，下のカテゴリの試験に「落ちてくる」ので，セキュリティマネジメント試験でもこうした出題形式に慣れておきましょう。自社にとっての重要度で，各項目の値の重み付けをします。

セキュリティ製品の導入

セキュリティシステム構築に際して，どのセキュリティ製品を選ぶかは非常に重要です。選定では，自社のポリシ，製品の客観的なセキュリティ水準などを使い，合理的な意思決定を行います。客観的な指標として，クレジットカードのデータを保護する技術や運用を定めた**PCI DSS**などがあります。

製品比較のポイント

各製品の能力をマトリクスで表し，どの製品が最適かを検討するのは，実務でも試験でもよく使われる方法です。単に最大値を採用するだけなら簡単ですが，出題される場合は自社にとっての重要度で重み付けをすることがほとんどです。

▼製品比較の例

	A社製品	B社製品	C社製品	当社にとっての重要度	A社製品（補正）	B社製品（補正）	C社製品（補正）
機能	7	2	8	5	35	10	40
操作性	10	6	5	1	10	6	5
業務適合性	4	7	8	7	28	49	56
メンテナンス性	3	7	8	4	12	28	32
価格	9	3	2	3	27	9	6
総合評価	33	25	31		112	102	139

例えば，上図では単純な総合評価比較ならA社製品が優れていますが，自社に適合する製品はC社製品となります。自社にとっての重要度を重みとして各点数に乗じ，補正した点数を導くわけです。

機能についての点数は製品Aが7点，Bが2点，Cが8点ですが，機能は自社にとっての重要度が5であるため，それぞれに5をかけ，補正後の点数は製品Aが35点，Bが10点，Cが40点となります。

他に注意すべき点はありますか？

試験対策としては，TCOが出ますね。初期コストの安さに目が眩んで導入したら，後からものすごくお金がかかって，結果損したとか……。

ペネトレーションテスト

ペネトレーションテスト＝疑似攻撃テストのことです。システムや製品のセキュリティ水準を確認する方法はいくつもありますが，擬似的な攻撃をしてみることで，実際に攻撃者に狙われたときと同等の条件でテストすることができます。実行は，本当に抜き打ちでやるケースと，事前に周知するケースがあります。抜き打ちは実力が分かってよさそうに思いますが，業務に支障を来さないよう細心の注意が必要です。

合格のツボ

ペネトレーションテストは
- **本当に自社システムを攻撃する**
- **実態に即したテストが可能**
- **テスト対象の部署がパニックに陥った事例も。実行は要注意**

こんな問題が出る！

クレジットカードなどのカード会員データのセキュリティ強化を目的として制定され，技術面及び運用面の要件を定めたものはどれか。

ア　ISMS適合性評価制度　　イ　PCI DSS
ウ　特定個人情報保護評価　　エ　プライバシーマーク制度

解説　「クレジットカード」,「技術面及び運用面」がキーワードになっていて，PCI DSSが正答になります。

解答：イ

07 システムの検収とテスト

出題ナビ

テストは開発プロセスと結びつけられているので，この関係を答えられるかがポイントになります。また，各テストで何をするのかはざっくりとでいいのでおさえておきましょう。主体が誰なのかも設問ポイントです。ここは出題数も多いので，しっかり理解しておきましょう。

テストの種類

共通フレームでは，開発プロセスのそれぞれに対応するテストが用意されています。開発プロセスは，大局的な項目から詳細項目へと流れていくのに対して，テストは，詳細項目から大局的な項目へと行われます。

開発プロセス		テスト
要件定義	→	運用テスト
システム方式設計	→	システムテスト
ソフトウェア方式設計	→	結合テスト
ソフトウェア詳細設計	→	単体テスト

- **単体テスト**—1つのプログラム(モジュール)がきちんと動くか確認
- **結合テスト**—複数のプログラムをつないで確認
- **システムテスト**—システム全体で確認
- **運用テスト**—実際の環境で動かしてみて確認

テストの実施主体

誰がテストをするのかが頻出項目です。登場人物は開発者と利用者で，運用テストには利用者が関わると覚えてください。実際に使ってみるテストなので，使う人の視点が欠かせません。

合格のツボ

- **運用テストは，利用者が関わる**
- **運用テストは，機能（動くか動かないか）だけでなく性能も重視**

テストの方法

ブラックボックステスト	モジュールをブラックボックス（中身は分からない）と捉えてテストする。正しいデータを入れたら正しい結果が出てくると確認するもの。同値分割，限界値分析などの手法がある。
ホワイトボックステスト	モジュールの中身にまで踏み込んで行うテストで，結果だけでなく論理と手順が正しいかを確認する。

トップダウンテスト	上位のプログラムからテストしていく。接続すべき下位プログラムができていないときは，スタブと呼ばれるダミープログラムを用意する。早い段階で中核プログラムを試せるのが利点。
ボトムアップテスト	下位のプログラムからテストする。接続する上位プログラムができていない場合，ドライバと呼ばれるダミーを使う。並行作業をしやすいのが利点。
ビッグバンテスト	全部プログラムを結合して，いきなりテストしてしまう蛮勇なテスト方法。楽チンだが，たいていうまくいかない。

同値分割	正常値，異常値のようにデータを作って，どちらのケースもテストする方法。
限界値分析	37度以上が発熱，未満は平熱と判定するシステムなら，36と37を投入してテストするような方法。変わり目で不具合が生じやすいので，そこを確認するもの。

こんな問題が出る！

システムの利用部門の利用者と情報システム部門の運用者が合同で，システムの運用テストを実施する。利用者が優先して確認すべき事項はどれか。

ア　オンライン処理，バッチ処理などが運用手順どおりに稼働すること
イ　システムが決められた業務手順どおりに稼働すること
ウ　システムが目標とする性能要件を満たしていること
エ　全てのアプリケーションプログラムが仕様どおりに機能すること

解説　運用テストは，要件定義に対応するテストで，業務要件が達成できているかを確認します。利用者視点のテストになるので，開発者だけでなく利用者も関わります。

解答：イ

08 セキュリティシステムの運用

出題ナビ

セキュリティパッチの適用は運用の定番中の定番出題です。パッチが適用しにくいケースやその際の代替手段まで含めて理解しておきたいところです。デジタルフォレンジックスは突っ込んだ出題は少ないですが，言葉の意味はよく問われます。

セキュリティパッチの適用

システムの脆弱性を修正するプログラムを**セキュリティパッチ**と呼び，公開されたら速やかに適用するのが原則です。パッチを適用することで，他のシステムに不具合が生じることが判明している場合は，適用を見送ることもありますが，何らかの別対策を講じなければなりません。また，セキュリティパッチが公開される前の脆弱性のある期間を突いてくる攻撃を**ゼロデイ攻撃**といいます。

ログの収集

ログ（システムの活動記録）は，情報セキュリティはもちろん，日常のシステム運用にも役立ちます。トラブル発生時に遡って事象を確認したり，平常状態を把握することで，故障や侵入を早期に発見できます。

Anomaly検知	通常の状態から外れたら警告！（通常の状態の把握にログが必須）
Misuse検知	シグネチャに登録された不正パターンとの一致を警告！

● ログの監査

ログを収集するだけでは意味がありません。ログが異常値を示していないか，ログ自体がマルウェアに汚染されていないかといった確認が重要で，そのための有効な手段として監査があります。

● 監査証跡

システム監査やセキュリティ監査の重要な証拠（**監査証跡**）として，ログは活用されます。監査証跡たり得るためには，ログの真正性や正確性が重要です。特に時刻の同期は重要視されます。

合格のツボ

- セキュリティパッチは，速やかな適用が原則
- パッチの適用によって不具合が生じないかは退行テストで確認
- ログの時間が正確でないと複数ログの突き合わせができない

デジタルフォレンジックス

社会インフラへの情報システムの浸透が進み，システムの動作記録はますます重要になっています。そのとき何が起こったのかが裁判で争われ，証拠として**ログ**や**スナップショット**が使われることも常態化しました。法的な証拠能力を持つほどに網羅性，真正性が高い情報やそれを取得する技術は**デジタルフォレンジックス**と呼ばれます。

こんな問題が出る！

デジタルフォレンジックスの説明として，適切なものはどれか。

ア　あらかじめ設定した運用基準に従って，メールサーバを通過する送受信メールをフィルタリングすること
イ　外部からの攻撃や不正なアクセスからサーバを防御すること
ウ　磁気ディスクなどの書換え可能な記憶媒体を廃棄する前に，単に初期化するだけではデータを復元できる可能性があるので，任意のデータ列で上書きすること
エ　不正アクセスなどコンピュータに関する犯罪に対してデータの法的な証拠性を確保できるように，原因究明に必要なデータの保全，収集，分析をすること

解説　「データの法的な証拠性」がキーワードです。

解答：エ

09 セキュリティ教育

出題ナビ

どんな項目を勉強していても「教育が大事」と出てきますが，ではどんな教育があるかといえば「銀の銃弾」のような魔術的な方法はありません。役割に応じてコツコツ勉強することになります。セキュリティ教育の効果と限界について，理解しておきましょう。

ユーザへの教育

セキュリティ水準の維持に極めて大きな効果があるのがセキュリティ教育です。予算や時間がない，管理職だから関係ない，といったことにならないよう，組織の成員全員が自分の業務やスキルに合ったセキュリティ教育を受ける必要があります。また，教育の成果が上がっているかをチェックするプロセスも大切です。

セキュリティ教育の限界

一方で，セキュリティ教育の限界もきちんと把握しておく必要があります。人間の注意力には限界がありますし，対処しきれない攻撃もあります。教育を施したからあとは自己責任といった精神論的なセキュリティ対策に陥らないことは重要で，セキュリティ事故が起こりにくい環境を整える必要があります。

合格のツボ

- **セキュリティ全般に効く対策が「教育」**
- **ただし，他の取り組みと組み合わせて，はじめて効果が出る**
- **他の取り組み：規程の整備，十分な報酬，技術的対策など**
- **多忙でサボる人が多いので，教育の義務付けが重要**

経営陣への教育

日本で特徴的といわれているのが，キャリアの初期に教育が集中して，その後研修などの機会が減っていくことです。そのため，経営陣に基本的な情報リテラシが欠落していることもあります。セキュリティへの対応だけでなく，グローバルな競争で勝ち抜くために経営陣への情報教育の必要性が説かれています。

科目Bはこう出る！

A社は，SaaS形式の給与計算サービス（以下，Aサービスという）を法人向けに提供する，従業員100名のIT会社である。A社は，自社でもAサービスを利用している。A社の従業員は，WebブラウザでAサービスのログイン画面にアクセスし，Aサービスのアカウント（以下，Aアカウントという）の利用者ID及びパスワードを入力する。ログインに成功すると，自分の給与及び賞与の確認，パスワードの変更などができる。利用者IDは，個人ごとに付与した不規則な8桁の番号である。ログイン時にパスワードを連続して5回間違えるとAアカウントはロックされる。ロックを解除するためには，Aサービスの解除画面で申請する。

A社は，半年に1回，標的型攻撃メールへの対応訓練（以下，H訓練という）を実施しており，表1に示す20XX年下期のH訓練計画案が経営会議に提出された。

表1　20XX年下期のH訓練計画案（抜粋）

項目	内容
電子メールの送信日時	次の日時に，H訓練の電子メールを全従業員宛に送信する。 ・20XX年10月1日　10時00分
送信者メールアドレス	Aサービスを装ったドメインのメールアドレス
電子メールの本文	次を含める。 ・Aアカウントはロックされていること ・ロックを解除するには，次のURLにアクセスすること 　・偽解除サイトのURL
偽解除サイト	・氏名，所属部門名並びにAアカウントの利用者ID及びパスワードを入力させる。 ・全ての項目の入力が完了すると，H訓練であることを表示する。
結果の報告	経営会議への報告予定日：20XX年10月31日

注記　偽解除サイトで入力された情報は，保存しない。A社は，従業員の氏名，所属部門名及びAアカウントの情報を個人情報としている。

経営会議では，表1の計画案はどのような標的型攻撃メールを想定しているのかという質問があった。

設問　表1の計画案が想定している標的型攻撃メールはどれか。解答群のうち，最も適切なものを選べ。

解答群

ア　従業員をAサービスに誘導し，Aアカウントのロックが解除されるかを試行する標的型攻撃メール

イ　従業員を攻撃者が用意したWebサイトに誘導し，Aアカウントがロックされない連続失敗回数の上限を発見する標的型攻撃メール

ウ　従業員を攻撃者が用意したWebサイトに誘導し，従業員の個人情報を不正に取得する標的型攻撃メール

エ　複数の従業員をAサービスに同時に誘導し，アクセスを集中させることによって，一定期間，Aサービスを利用不可にする標的型攻撃メール

解説　A社では標的型攻撃メールへの対応訓練を計画していて，その計画案（表1）からどんなメールを想定しているかを読み解かせる設問です。Aサービスを装ったドメインが送信者メールアドレスになっているので，受信者を安心させるためのなりすましがおこなわれています。また，アカウントがロックされている（受信者が困る事態）と嘘をついて焦らせ，それを解除したければこのURLへアクセスしろと誘導しています。もちろん踏んだURLの先にあるのは偽サイトで，ID，パスワードを窃取するために待ち構えています。

ア　誘導される先は正規のAサービスではなく，偽サイトです。×

イ　表1にログインの連続失敗回数に関連する記述はありません。×

ウ　まさにこれが行われています。○

エ　Aサービスには誘導されていないので，間違いであることが確定します。×

解答：ウ

10 セキュリティインシデントへの初動対応

出題ナビ

事故が起きました，さあどうしましょうという状況は問題が作りやすいため，常に狙われるポイントです。隠さず迅速に報告することを前提として，被害の拡大と証拠の保全に努めることを覚えておきましょう。どの状況でも「独断で行動しない」，「隠さず報告する」がポイントです。

セキュリティインシデントの対応手順

インシデントという言葉が本試験では好んで使われますが，セキュリティ事故のことです。事故の際にどう行動するかは実務上でも重要な項目で，くり返し出題されています。

インシデント対応の順番は
① 初動処理
② 影響範囲と要因の特定
③ システムの復旧と再発防止

合格のツボ

- **セキュリティマネジメント試験は，利用者目線での試験**
- **したがって，出題の焦点は「初動処理」になる**

初動処理

セキュリティマネジメント試験対策として，非常に重要なプロセスです。現場の担当者やリーダがセキュリティインシデントに直面したとき，まず実施しなければならないことで，かつこの後のプロセスは情報システム部の専門要員が主に担当することになるからです。

初動処理の基本は，被害を拡大させないこと，そのまま状況を保存して，セキュリティ技術者が後から分析できるようにすることです。

● **初動処理でやることは2つ！**

① 被害を拡大させない！ → LANから切り離す

② 現場保存！ → ウイルスを削除しようとか，再起動してみようとか，勝手にごちゃごちゃやらない

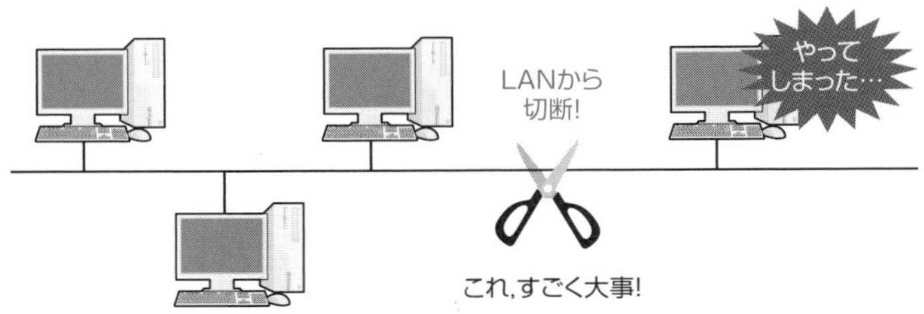
LANから
切断!
やって
しまった…
これ,すごく大事!

この本質を理解しておけば，いろいろなバリエーションで設問されても，思考することによって正答にたどり着けます。

ぼくはセキュリティの勉強をしているし，ウイルスの駆除を試みたいのですが！

余計なことをすると被害が拡大したり，上司にたくさん怒られたりしますよ。そういう役割が与えられるまでは，現場保存と報告でお願いします。

合格のツボ

兆候を
見て見ぬふりで
大炎上

● **報告は躊躇しない**

- 仮に遊んでいたとしても報告する→しないともっと怒られる
- この程度，報告するまでもないのでは？→どんなに大きな事故も最初はちょっとした兆候から

影響範囲の特定と要因の特定

セキュリティ管理者はログや技術情報をもとに，インシデントの範囲とその要因を特定します。ステークホルダとコミュニケーションを取り，マルウェアなどの被害があればJPCERT/CCなどに連絡します。要因

を特定しないと復旧に進めません。復旧したそばから再発する，いわゆる**ピンポン感染**などが生じます。

システムの復旧と再発防止

事故の要因が特定できたら，その要因を除去して，システムを復旧させます。この手順は基本的にセキュリティ技術者が行います。被害の種類や規模によっては，完全に元通りのデータに復旧できないこともあります。バックアップの取得や世代管理はセキュリティ対策の意味からも，非常に重要です。

この段階では，業務の復旧を第一に考えますが，要因の除去が一時的であった場合には，それが恒久的なものになるよう再発防止策を策定します。事故の状況や原因，行った処置，対策を文書化して残しておくことも大事です。知見が蓄積されることにより，事故の防止や事故発生時の迅速な対応が可能になります。

科目Bはこう出る！

〔PCのマルウェア感染〕

ある日，情報システム部は，Y社内の1台のPCが大量の不審なパケットを発信していることをネットワーク監視作業中に発見し，直ちに外部との接続を遮断した。

情報システム部による調査の結果，営業部に所属する若手従業員G君が，受信した電子メール（以下，電子メールをメールという）の添付ファイルを開封したことが原因で，G君のPCがマルウェアに感染し，大量のパケットを発信していたことが判明した。幸いにも，情報システム部の迅速な対処によって，顧客情報の漏えいなどの最悪の事態は防ぐことができた。

〔受信したメール〕

情報システム部のS主任は，営業部の情報セキュリティリーダであるE課長に，今回の事態に関する調査結果を報告した。次は，その時の会話である。

S主任　：G君が受信したメールは，いわゆる標的型攻撃メールと呼ばれるものです。

…中略…

E課長　：G君が受信したメールを具体的に説明してくれるかな。

S主任　：メールの内容を図1に示します。この内容から，受信者の疑いを低減させる手口や，受信者の動作を巧みに誘導する手口などが見受けられます。

S主任は，標的型攻撃メールによく見られる注意すべき特徴のうち，G君が受信したメールに見られる特徴を説明した。

差出人 ： F <F@zz-freemail.co.jp>　　送信日時：2016/03/18 10:22
宛先　 ： info@y-sha.com
CC　　 ：
件名　 ： Re: Re: 【至急】製品導入に関する問合せ

添付ファイル： 質問事項.exe

G様

お世話になっております。
先日，貴社の製品について問合せをしたX社のFです。
これまで，貴社の事務用機器に関する情報を提供していただき，
ありがとうございました。
弊社では，今回，貴社から提案していただいた製品について，
導入する方向で検討を進めております。
その中で，確認したい事項が幾つか出てきました。
つきましては，急なお願いで恐縮ですが，添付ファイルの質問内容を
ご確認の上，本日15時までに回答をいただけないでしょうか。
よろしくお願いいたします。

X社　調達部　F
E-mail: F@x-sha.co.jp
URL: http://www.x-sha.co.jp

図1　G君が受信したメールの内容

〔ヒアリング〕

S主任からの調査報告を受けたE課長は，G君に対して，このメールを受信した際の状況及び対応に関してヒアリングをした。また，Y社の情報セキュリティインシデント管理規程（以下，管理規程という）どおり

には対応しなかった理由をG君に確認した。

E課長がまとめたヒアリング結果を図2に，Y社の管理規程を図3に示す。

・X社は過去に取引がある会社であった。
・F氏と直接会ったことは無かったが，10日前から，製品の問合せが3回あり，メールでやり取りをしていた。
・メールの添付ファイルを開封した際は，見慣れないウィンドウが表示されただけでドキュメントは開くことができなかった。そこで，ファイルを再送してほしい旨を先方にメールで返信したが，15時までと急いでいた割にその後の返信が無く不審に思った。再度連絡しようと思っていたが，別件で多忙になり，確認ができなかった。
・その後，PCの処理速度が遅くなったり，見慣れないウィンドウが表示されたりするなどの不具合や不審な事象が発生していたが，その都度，PCを再起動するなどして解決を試みた。また，ウイルス対策ソフトが動作し，パターンファイルが最新になっていることを確認できたのでマルウェア感染はあり得ないだろうと考え，誰にも相談せず，報告もしなかった。
・以前に他の部のH君が，顧客から貸与されたUSBメモリをPCに接続してマルウェア感染が起きたことを上司に報告した際に，上司から大変厳しく叱責されたとH君本人から聞いていたので，マルウェア感染と確信できない限りは，報告したくないと思っていた。
・管理規程については，新入社員研修の際に一度見たことがある程度で，重要な規程とは思っていなかった。
・標的型攻撃メールについては，聞いたことはあったが理解はしていなかった。

図2　G君へのヒアリング結果

第1章　情報セキュリティインシデント（以下，インシデントという）の定義
・インシデントとは次のことをいう。
“不正アクセス”，“マルウェア感染”，“情報の漏えい”，“情報の改ざん”，“情報の消失”，（省略）
第2章　インシデント検知時の報告及び対処
・従業員は，インシデントを発見した際には，速やかに情報セキュリティリーダに報告し，その指示に従うこと。
なお，インシデントであるかどうか判断がつかない疑わしい事象も，自己判断せず同様に報告すること。
・情報セキュリティリーダは，インシデントを認知した場合には，その状況を確認し，情報セキュリティ責任者に速やかに報告するとともに，情報システム部と連携し，被害の拡大防止を図るための応急措置及び復旧に係る指示又は勧告を行うこと。
・従業員は，各自の判断で復旧対応や解決を試みるのではなく，必ず情報セキュリティリーダの指示又は勧告に従うこと。
第3章　インシデントの原因調査及び再発防止
・情報セキュリティリーダは，情報システム部と協力してインシデントの原因を調査するとともに，再発防止策を検討し，報告書にまとめて情報セキュリティ責任者に報告すること。
（省略）

図3　管理規程

〔情報セキュリティ意識向上に向けて〕

次は，ヒアリング実施後のE課長とS主任との会話である。

S主任：標的型攻撃メールによるマルウェア感染を完全に防ぐことは難しいので，被害を最小化するためには，メールの添付ファイルを開封した後に従業員が適切な対応を取ることが重要になります。

E課長：そうだね。③今回の初動対応における問題点は二つあったと思う。

…中略…

設問　本文中の下線③について，次の (i) ～ (iv) のうち，今回の初動対応における問題点を二つ挙げた組合せを，解答群の中から選べ。

(i) PCの不具合に気付いても直ちに再インストールなどの復旧対応を行わなかった点

(ii) 問合せ対応を行うに当たって，X社との最近の取引記録を確認しなかった点

(iii) 不審な事象が起きたにもかかわらず，情報セキュリティリーダに報告しなかった点

(iv) 不審な事象が起きたにもかかわらず，マルウェアには感染していないと自己判断した点

解答群

ア (i)，(ii)　イ (i)，(iii)　ウ (i)，(iv)
エ (ii)，(iii)　オ (ii)，(iv)　カ (iii)，(iv)

解説　G君が行った初動対応は図2にまとめられているので，これと(i)～(iv)を見比べながら解答することになります。すると，iii，ivに該当することが確認できます。iは重要な復旧手順ではありますが，担当者が勝手に行ってよい対策ではありません。

解答：カ

セキュリティシステム戦略

11 セキュリティインシデントへの対応計画

出題ナビ 初動処理に比べると出題頻度は低めですが，忘れた頃に出題がある分野です。事業継続が重要であること，ハードウェアは購入できても失われたデータは戻らないことを念頭に，BCPやリストアの重要性を理解しておきましょう。影響をゼロにはできないので，中核事業の保全を軸に考えます。

インシデントに備えた計画

セキュリティインシデントというよりも，出題時にはディザスタリカバリ（大規模災害からの復旧）の視点で問われることが多いですが，システムの復旧についてさらに見ていきましょう。情報システムの社会インフラ化が進み，基幹システムなどは少しでも停止すると社会に対する影響が極めて大きい状況になっています。

基幹システムが止まるような自然災害なら，ちょっとくらい止まっても仕方ないんじゃないですか？

海外のサービスが止まると，その間に競争に負けてしまうかもしれません。会社の存続に関わってきますよ。

● 事業継続計画

大規模災害でも業務を継続することを**ビジネスコンティニュイティ**（**事業継続性**）といい，事業継続を行うための計画のことを**BCP**（**ビジネスコンティニュイティプラン**：**事業継続計画**）と呼びます。災害時に急に作れるものではないので，あらかじめ策定しておくことが重要です。

● BCPの５項目

①絶対に継続する中核事業の決定
　←　全部平常通りとはいかない
②代替事業所，代替サイトなどの準備
③RPOを決めておく
④RTOを決めておく
⑤緊急時のサービス水準について，ステークホルダと取り決める

ポイントとなるのは，中核事業の設定です。どれも継続したいのはやまやまですが，緊急時にすべてを平常通り運転することは不可能です。各事業の順位付けを行って，絶対に継続するラインを設定します（→第2章04参照）。

● BCM（ビジネスコンティニュイティマネジメント）

どんな計画もそうであるように，BCPも立てた時点では最善でも，ビジネス環境や技術環境の変化によって，食い違いや非効率が生じてきます。それを防止し，有事に有効な事業継続を行うには体系的なマネジメントシステムが必要です。これがBCMです。

RPOやRTOって最近はやりの採用代行ですか？

あっちの方が有名だから間違えますよね。しかしここでいうRPOはシステムの復旧にかかわる指標です。復旧にも何か目標があったほうがいいんですよ。

● RPO（目標復旧時点）

RPOは，障害が発生したときに**どの時点まで**データを復旧するかを示す指標です。例えば，RPOが12時間であれば，障害発生から遡って12時間前までの状態には，システムが復旧できることになります。具体的な方法としては，12時間ごとにバックアップやスナップショットを取得します。

言い方を換えれば，12時間分はデータが失われるかもしれないわけで，この分のデータ喪失はあらかじめ見込んでおかなければなりません。喪失に耐えうるRPOを設定するわけです。

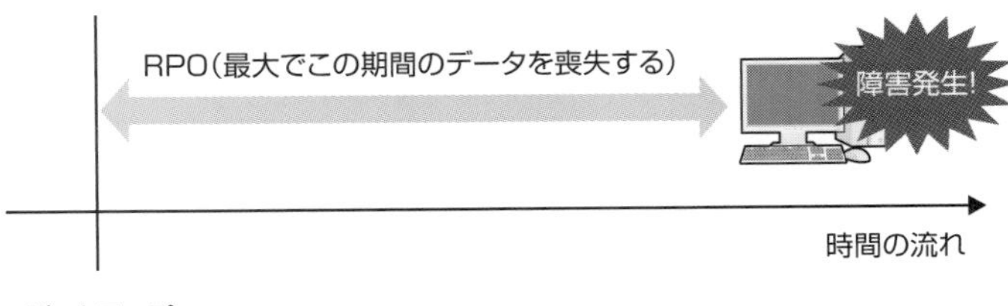

● RTO（目標復旧時間）

RTOとは，**どのくらいの時間で**業務を復旧させるかです。間違えやすいのは，中核事業が復旧するまでの時間だということです。平時の水準まで完全に業務が復旧するまでには長い時間がかかります。RTOが考慮するのは，企業にとって絶対に欠かせない事業が復旧するまでです。

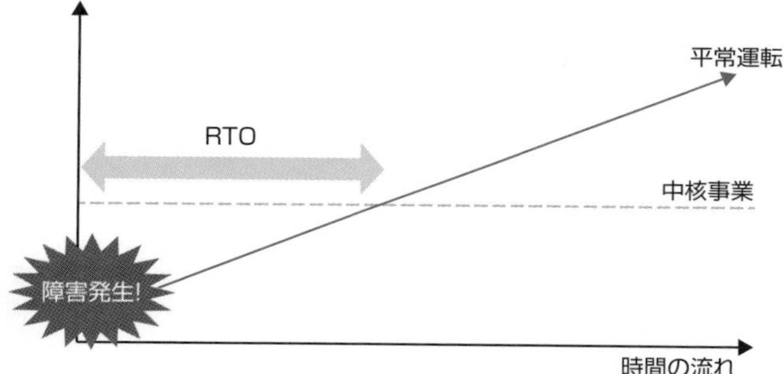

覚えにくいを覚えやすく

ここに注目！

・RPOは，どのくらいの「ポイント」までデータを失ってもよいか
・RTOは，どのくらいの「タイム」で中核業務を再開できるか

RPOもRTOもゼロがいいに決まってます。データが失われるなんて絶対イヤ！

そうですね。でも，仕事にはコストとの兼ね合いがあります。RPOやRTOをゼロに近づけるためには莫大なお金と手間がかかります。妥協点を見つけ出すのが大事です。

インシデント対応訓練

どれだけしくみや手順を整備しても，インシデント発生時には焦りなどから失敗が生じます。手順間違いによるデータ喪失など，人為的な二次災害を引き起こさないようにしなければなりません。

失敗しにくい環境作りや教育も重要ですが，インシデントは起こるものだと想定して普段から**リハーサル**をしておくことが有効です。

リストア（データ復旧）のリハーサルは頻出項目です。一般的にリストアの成功率は50%を下回るといわれています。なぜそうなってしまうのかを理解しておきましょう。

> **● なぜ，リストアは失敗しがちなのか**
> ・そもそも手順を整備していない
> ・媒体が劣化して，バックアップしたつもりができていなかった
> ・対象データがいつの間にか大きくなって，媒体に入りきらなかった
> ・マニュアルを作ったものの古く，その通りにやったらデータが壊れた

こんな問題が出る！

ディザスタリカバリを計画する際の検討項目の一つであるRPO（Recovery Point Objective）はどれか。

ア　業務の継続性を維持するために必要な人員計画と要求される交代要員のスキルを示す指標
イ　災害発生時からどのくらいの時間以内にシステムを再稼働しなければならないかを示す指標
ウ　災害発生時に業務を代替する遠隔地のシステム環境と，通常稼働しているシステム環境との設備投資の比率を示す指標
エ　システムが再稼働したときに，災害発生前のどの時点の状態までデータを復旧しなければならないかを示す指標

解説　RPOはどの時点までデータを復旧しなければならないかです。したがって正答はエとなります。類似用語にRTOがあって，こちらは災害発生後いつまでに復旧しなければならないかです。選択肢のなかではイが該当します。

解答：エ

プロジェクトマネジメント

プロジェクトマネジメント手法

出題ナビ

プロジェクトの遂行にはさまざまな知識やツールが必要です。必要人員数の計算（常識で対応可能）やスケジュール管理は出題しやすい計算問題なので，よく狙われます。アローダイアグラムは必ず何回か過去問にあたるようにしてください。ダミー作業を見落とさないように！

プロジェクトとは

何らかの目標を達成するための活動のことですが，次のような特徴があって，一般の業務と区別して考えます。限られた期限と予算のなかで，目標を達成することが求められます。

●プロジェクトには
- 明確な目標がある
- 開始と終了がある
- リーダとメンバからなる一時的な組織で行う

プロジェクトマネジメントとは

コスト圧縮，納期短縮，システムの複雑化，人材の多様化など，プロジェクトを完遂することは年々難しくなっています。そのため，作業工数の正確な見積もりや，作業の適正化，人員割り振り，進捗管理が非常に重要です。これらを体系的にまとめ，PDCAサイクルのもとで運営していく活動がプロジェクトマネジメントです。

これって当たり前のことじゃないんですか？

そうなのですが，上司の経験と勘で仕事が進むような現場もまだまだ多いですからね。それで失敗するケースが増えているので，注目されているんですよ。

プロジェクトマネージャ

プロジェクトマネージャはプロジェクトの計画と遂行の責任者です。計画の立案，体制の確立，予算や進捗の管理やステークホルダとの折衝まで行います。PDCAサイクルを回しますので，開発終了後にはプロジェクトの評価と分析をし，次のプロジェクトに改善点を反映させます。高い総合力が要求される職種です。

ステークホルダ

ステークホルダとは**利害関係者**のことです。メンバ，顧客，株主，協力企業，取引先，地域社会などが例で，プロジェクトマネージャは，これらを満足させるようにプロジェクトを進めていくことが求められます。

みんなを満足させることなんてできるんですか？

まあ，現実は理想通りにはなりませんから，誰に泣いてもらうかを決めるのもプロジェクトマネージャの仕事ですね，フフ。

こっち見ないで！

アローダイアグラム

進捗管理に使われるツールで，本試験でも出題の定番です。こんな図が示されます。

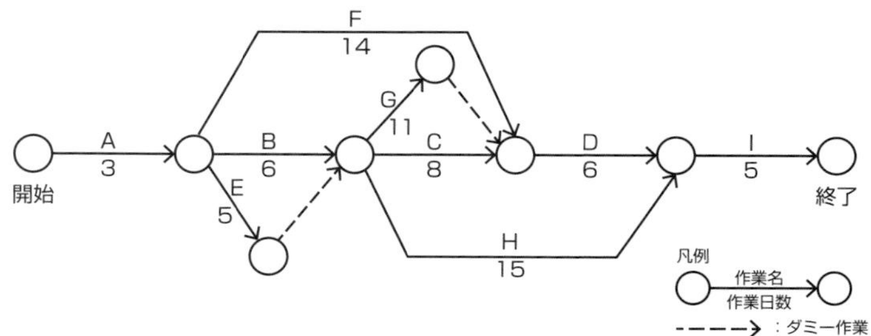

全体が1つのプロジェクトです。矢印が内訳の作業を表していて，例えば作業Aは3日間かかることを表しています。各ルートのすべての矢

印を加算していけば，所要日数が計算できます。点線はダミー作業で，時間はかかりません。

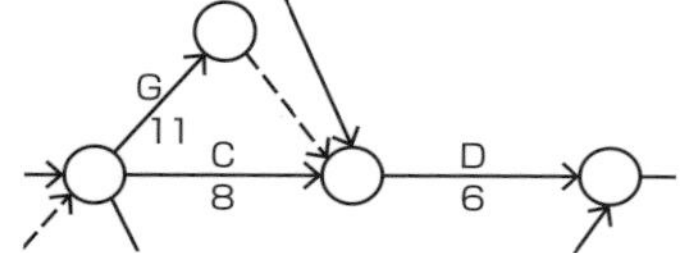

この部分は作業Cが終わってもすぐには作業Dが始められないことを，ダミー作業を使って表現しています。作業Gが終わるまで3日間の待ち時間が生じるわけです。

A→F→D→Iの作業ルートは3＋14＋6＋5=28日間かかります。同様に，

ABCDIルート　28日間
ABHIルート　　29日間

のように読めますが，ダミー作業があるため，ABCDIルートは作業Dの出発前に3日間の待ち時間が生じ，最終的には31日間かかります。ABHIルートにもダミー作業がありますが，作業Eより作業Bの方が長くかかるため，作業H出発時の待ち時間はありません。

● クリティカルパス

「このルートが遅延すると，**全体が遅延する**」というルートのことを，**クリティカルパス**といいます。

合格のツボ

- 矢印が作業を表す。各ルートを足していけば，所要時間が出せる
- 一番大きな所要時間が，プロジェクト全体の所要時間
- 遅延すると全体に影響するルートは，クリティカルパス

WBS（作業分解構成図）

WBSは，作業要素を細かく分割したもので，**階層構造**で全体が把握しやすいのが特徴です。分割することで作業漏れもなくせます。情報処理技術者試験のテキストは，試験合格というプロジェクトを達成するためのWBSだといえます。

● **WBSは**
・全体像がわかる！
・作業漏れがなくなる！
・スケジュールをつかみやすい！
・分担がしやすい！

ソフトウェアの見積もり方法

ソフトウェアは目に見えない製品だけに，どのくらいで完成するのか見積もりがしにくい特徴があります。いくつもの見積もり方法が考えられていますが，出題に結びつくものを覚えておきましょう。

FP(ファンクションポイント)法	ソフトウェアの機能数とその難易度から，開発工数を見積もる方法
類推見積法	過去につくったソフトウェアの実績から推定する方法。似たソフトを適用するのがミソ。低コストだが，担当者の能力でブレが大きい
積み上げ法	各モジュールの開発工数を計算し，それを足していくことで全体の工数を見積もる方法。すごく手間がかかる

こんな問題が出る！

プロジェクトに関わるステークホルダの説明のうち，適切なものはどれか。

ア　組織の外部にいることはなく，組織の内部に属している。
イ　プロジェクトの成果が，自らの利益になる者と不利益になる者がいる。
ウ　プロジェクトへの関与が間接的なものにとどまることはなく，プロジェクトには直接参加する。
エ　プロジェクトマネージャのように，個人として特定できることが必要である。

解説　ステークホルダとは利害関係者のことです。「利益になる者」，「不利益になる者」という書き方で，解答者を戸惑わせようとしています。正答はイです。

解答：イ

13 プロジェクトマネジメント

PMBOK

出題ナビ

出題にも流行がありますが，流行で終わるか出題が継続されるかの境目あたりにいそうなテーマです。どんなプロセスと知識エリアがあるのか，各プロセスの成果物（特にプロジェクト憲章）は何かをおさえておきましょう。そのプロジェクトを規定するために一番最初に作る文書です。

PMBOK（ピンボック）とは

PMBOKはプロジェクトマネジメントに使える手法や原則をまとめたもので，実務でも一般的に利用されています。第6版までと，現行の第7版でかなり違いがありますので，古い過去問で演習をするときは気をつけてください。

第6版までは品質やコスト，納期を守ることを目的に，プロセスでそれを実現しようとしていました。第7版は価値をいかに提供するかが目的で，そのための手段がプロセスから原則に変わっています。

もう少しかみ砕くなら，従来のPMBOKがウォーターフォール的な開発を想定していたのに対して，PMBOK第7版はアジャイル的な要素が濃くなっています。原則に適応力や復元力，行動領域に不確実性への対応が入っていることが，第7版の特徴をよく表しています。変化するシステム開発の実状にあわせた改訂と言えるでしょう。

12のプリンシプル（原則）
① スチュワードシップ（責任感，倫理観）
② 協力し合うチーム環境
③ ステークホルダーとの連携
④ 価値創造の重視
⑤ システムを俯瞰して行動する
⑥ リーダーシップ
⑦ テーラリング
⑧ 品質をプロセスと成果物に組み込む
⑨ 事態の複雑さに対応する

⑩	リスクに対応する
⑪	適応力とレジリエンス（復元力）をつける
⑫	あるべき未来（To Be）を変化によって導く

8つのパフォーマンスドメイン（行動領域）	
①	ステークホルダー
②	チーム
③	開発アプローチとライフサイクル
④	計画
⑤	プロジェクト作業
⑥	デリバリー（提供）
⑦	測定
⑧	不確実性への対応

各プロセスの成果物

よく出題されるのが，各プロセスでどのような成果物が出てくるかです。特に，立上げプロセスと計画プロセスについて，理解しておきましょう。

プロセス名	**成果物**
立上げプロセス	プロジェクト憲章
計画プロセス	プロジェクトマネジメント計画書
	リスクマネジメント計画
	WBS

プロジェクト憲章

メンバやステークホルダに対して，プロジェクトの目的や方針，予算，スケジュールを共有するために作成される文書です。プロジェクトの最初期（立上げプロセス）で作成されます。

WBSはプロジェクトマネジメントの成果物なんですね。

作業の全体を俯瞰できれば，管理しやすくなりますからね。どの技術とどの技術が関連しているかわかると得点力も上がりますよ。

こんな問題が出る！

PMBOKにおいて，プロジェクト憲章は，どの知識エリアのどのプロセス群で作成するか。

ア　プロジェクトコミュニケーションマネジメントの実行プロセス群
イ　プロジェクトスコープマネジメントの計画プロセス群
ウ　プロジェクト統合マネジメントの計画プロセス群
エ　プロジェクト統合マネジメントの立上げプロセス群

解説　プロジェクト憲章は，プロジェクトを始めるにあたって一番最初に作る文書です。ステークホルダ同士で情報を共有し，プロジェクトを公式にスタートさせる役割を持ちます。

解答：エ

経営管理

出題ナビ

企業は生き残りをかけてさまざまな戦略を取ります。どういう戦略で競争相手に対して優位に立てるかは，ある程度類型があり，ツールにまとめられています。出題ポイントとなるツールを覚えましょう。競争地位戦略とPPMは，各要素の簡単な説明もできるようにしておくと吉です。

競争地位戦略

自社が市場でどのようなポジションにいるかで，採用すべき戦略が異なってきます。これをまとめたのが，**コトラーの競争地位戦略**です。

リーダ	業界のトップ。同質化戦略（チャレンジャの仕掛けに対応），市場の拡大
チャレンジャ	業界の2～3番手。差別化戦略（リーダとの違いを打ち出す），リーダの弱点を窺う
フォロワ	業界の中堅～中小。模倣戦略（リーダの真似をする），低価格帯を狙う
ニッチャ	業界の周辺。隙間市場を狙う，マニアックな分野でトップを狙う

プロダクトポートフォリオマネジメント（PPM）

自社製品が市場においてどんなポジションにあるかを可視化するツールです。成長率と占有率で位置を決めます。

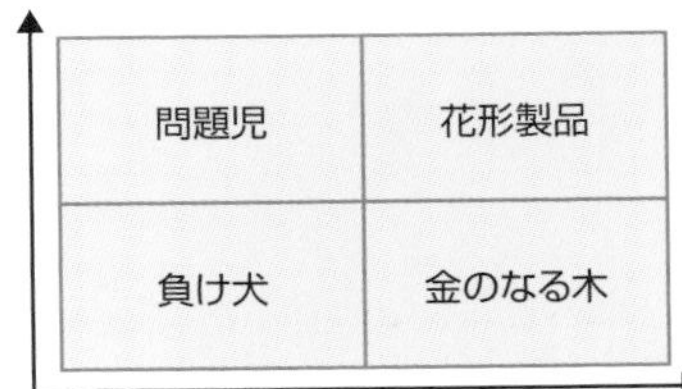

花形製品	得意分野で将来性もあり，注力すべき
問題児	将来性はあるが，得意分野とはいえず，悩ましい
金のなる木	ピークは過ぎたが，収益をあげている安定分野
負け犬	将来性もなく，得意分野でもない。撤退するべき

SWOT分析

内部環境と外部環境について，プラス要因とマイナス要因を考え，自社の強みと弱み，自社を取り巻く環境の中に機会と脅威を見出すツールです。

	プラス	マイナス
内部環境	強み	弱み
外部環境	機会	脅威

会社は自分の中核となるコア事業を持っています。そこに集中するため，それ以外の事業を他社に外注することを**BPO**といいます。

会社の偉い人を覚える！

CEO　最高経営責任者　　CIO　情報責任者
CISO　情報セキュリティ責任者　　CPO　プライバシー責任者

組織の組み立て方

名称	特徴	例	考慮事項
職能別組織	同じ仕事をするグループを作る	デザインチーム，内部告発チーム	チーム間の調整が必須
事業部制組織	製品別，地域別のようにグループを作る	東京本社，沖縄支社	事業部ごとに仕事の重複が出る
マトリックス組織	職能別，事業部別を組み合わせる	営業部のパソコンチーム，開発部の炊飯器チームなど	命令系統が複数になる
プロジェクト組織	業務ごとの期間限定チームを作る	春の書籍祭りプロジェクトなど	継続性のある業務がしにくい

15 お金のことを把握する

出題ナビ

損益分岐点の計算は定番の出題になっています。微妙に手を加えながらの出題になっているので，問われ方が変わっても正答できる応用力が求められます。財務諸表の突っ込んだ出題はありませんが，営業利益や経常利益については導き方を知っておくといいでしょう。

財務諸表

本試験対策としては，**貸借対照表**と**損益計算書**を覚えておけば十分です。貸借対照表は「ある時点での財務状態」を，損益計算書は「ある期間の経営状態」を表します。

●**貸借対照表**

資産（もちもの）	負債（借りてるもの）
	純資産（自分のもの）

●**損益計算書**

費用（使った！）	収益（入ってきた！）
利益（もうけた！）	

とにかく覚える！

- 売上総利益（企業の競争力！）　売上高－売上原価
- 営業利益（企業の収益力！）　売上総利益－販売費及び一般管理費
- 経常利益（企業の総合力！）　営業利益＋営業外収益－営業外費用

損益分岐点

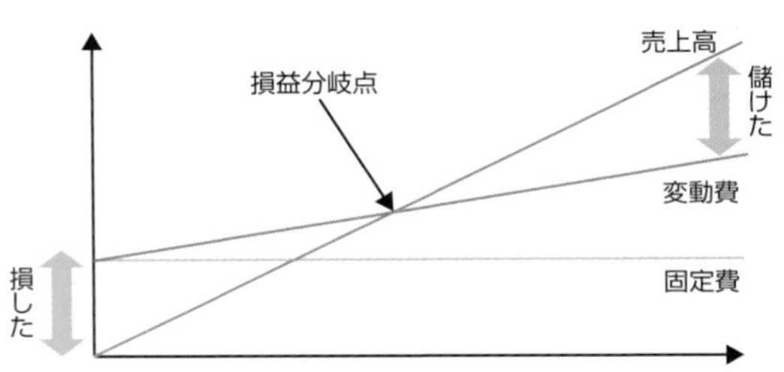

何かものを作るときには，何にも作らなくてもかかってしまう**固定費**（土地代とか）と，作ったときだけかかる**変動費**（材料費とか）が生じます。したがって，売れなければ丸損の状態で，ある程度売れた時点で儲けが発生します。損も儲けもない転換点を，**損益分岐点**と呼びます。

損益分岐点の公式

固定費　÷　（１－変動費率）

変動費率とは，売上高の中で変動費が占める割合です。売上高が100万円で変動費が20万円なら，変動費率は0.2です。1からこれを引いた値で固定費を割ると，損益分岐点が導けます。

ものを作ったのに損するなんて。0個ならしかたないにしても，1個売れたら利益が出るようにしましょうよ。

たぶんものすごい価格になって，誰も買いませんね。

減価償却

長く使うものを買ったときには，何年使えるか（耐用年数）を設定して，費用をその年数に配分します。これを**減価償却**といいます。減価償却には**定額法**と**定率法**があります。

なんでそんな面倒なことするんです？

高い買い物をすると，急に経営状態が悪くなったように見えたり，次の年に好転したように見えます。これは実態と異なるので会計処理を工夫しているのです。

合格のツボ

- 定額法……毎年同じ額だけ費用を計上する
- 定率法……まだ償却していない金額から一定の割合で費用を計上する。新しくて資産価値の高いうちは，たくさん費用を計上するので実態に即している。

サービスマネジメント

16 SLA

出題ナビ そんなにひねった出題がされる分野ではありません。SLAの意味を知っているだけで十分な設問もあります。ポイントとしては，サービス水準が事前に設定されることと，水準を下回った場合の措置を取り決めておくことを覚えておきましょう。金銭的な補償が行われるケースが多いです。

SLA

SLAとは**サービスレベルアグリーメント**（サービス水準についての合意）のことで，あるサービスを受ける場合に，その内容，範囲，目標，品質について，提供者と利用者の間で交わされる合意です。

どうしてそんな合意をするんです？

SLAはITの発展で急速に普及しました。目に見えないサービスが多いですから「買ってみたらイメージと違う」という事態を防ぎたいのです。

合意した水準を下回った場合には，何らかの**補填**（料金の減額など）が行われるのが一般的です。そのためにも，「水準」については明確な指標，数値化できる指標が必須です。サービスごとにどんな指標が使われるかはまちまちですが，通信速度や稼働率が多用されます。

合格のツボ

- **SLAはサービス水準についての合意**
- **合意した水準に至らなかったときは，金銭ペナルティ**
- **合意は明確な基準で表す**

SLAの各指標

通信速度の場合は契約した保証帯域を下回るなどしたとき，稼働率の場合はMTBF，MTTRなどが閾値を超えたときにサービス水準が達成できなかったと考えます。本試験では出題実績がありませんが，実務では「水準を下回った程度×下回っていた時間」で補填金額を計算することが多いです。

MTBF（平均故障間隔）	故障と故障の間の平均時間。「このくらいの期間は連続して使えるぞ」という度合いになる。 MBTF＝合計稼働時間／故障回数
MTTR（平均修理時間）	故障したときに，どのくらいで復旧できるかの平均時間。「このくらいで直る」という度合い。 MTTR＝合計修理時間／故障回数

契約の発効時点

SLAではありませんが，契約つながりで**発効時点**のことをおさえておきましょう。出題実績ありです。ネット通販などでは，どの時点で契約が発効するかわかりにくいこともありますが，「利用者の申し込みに対して，提供者の承諾通知が利用者のもとに届いたとき」に成立します。この承諾の通知は，Webの画面でも，メールでもOKです。

こんな問題が出る！

SLAに記載する内容として，適切なものはどれか。

ア　サービス及びサービス目標を特定した，サービス提供者と顧客との間の合意事項
イ　サービス提供者が提供する全てのサービスの特徴，構成要素，料金
ウ　サービスデスクなどの内部グループとサービス提供者との間の合意事項
エ　利用者から出されたITサービスに対する業務要件

解説　サービス水準についての合意で，提供者と顧客との間で結ばれます。

解答：ア

17 ITサービスマネジメント

出題ナビ

ITのサービスを場当たり的でなく，体系的に提供するためのガイドラインで，この業界のデファクトです。特にITILは頻出で，インシデント管理と問題管理の違いなどがくり返し問われています。初動対応時には原因の究明をしないことを覚えておきましょう。

ITサービスマネジメント

ITを利用したサービスでは，「再起動で30分止まった」といったことが多々あります。これを通常の店舗営業と考えるとけっこう大変なことです。ITが社会基盤に組み込まれていく中で，適切なサービス水準を維持することが重要になっています。そのための取り組みが**ITサービスマネジメント**で，ISMSなどと同様にマネジメントシステムを作って体系的にサービスを管理します。

OLA（運用レベル合意書）

サービスマネジメントのためには目標を決めて，それを達成するPDCAサイクルを回しますが，目標となるのがSLA（前ページ参照）です。SLAは顧客向けの合意ですが，SLAを達成するために身内の部署同士で取り決める**運用水準の合意**を**OLA**と呼びます。

合格のツボ

- SLA → お客さん向け
- OLA → 身内向け

JIS Q 20000

ITサービスマネジメントを体系的に行うためのベストプラクティス（成功事例を標準化したもの）として，ITILが作られました。その後，

ITILはISO/IEC 20000として国際標準化され，日本ではJIS Q 20000に和訳されています。他のマネジメントシステム同様，JIS Q 20000も認証規格になっており，JIS Q 20000-1が認証基準，JIS Q 20000-2がベストプラクティスです。ただのベストプラクティスだったITILと，ここが決定的に違うポイントになっています。

新規サービス又はサービス変更の設計及び移行プロセス	新規サービス又はサービス変更の計画
	新規サービス又はサービス変更の設計及び開発
	新規サービス又はサービス変更の移行
サービス提供プロセス	サービスレベル管理
	サービスの報告
	サービス継続性及び可用性管理
	サービスの予算業務及び会計業務
	容量・能力管理
	情報セキュリティ管理
関係プロセス	事業関係管理
	供給者管理
解決プロセス	インシデント及びサービス要求管理
	問題管理
統合的制御プロセス	構成管理
	変更管理
リリースプロセス	リリース及び展開管理

サービス提供プロセスの要求事項

頻出問題に，インシデント管理と問題管理の区分けがあります。インシデント管理は事故起きたときに，サービスを継続，復旧させる活動です。問題管理はそれらの対応がすんだ後で，根本的な原因究明と再発防止を行うことです。

合格のツボ

- **インシデント管理と問題管理の違いは頻出**
- **インシデント管理→原因究明とかは後回し，素早く復旧**
- **問題管理→復旧後に行う原因究明と再発防止**

エスカレーション

問題解決のために知識や権限が不足しているときに，より知識や権限のある人に続きを委ねることです。「えーと，私ではわからないので，店長を呼んできます」は，エスカレーションの例です。

こんな問題が出る！

あるデータセンタでは，受発注管理システムの運用サービスを提供している。次の受発注管理システムの運用中の事象において，インシデントに該当するものはどれか。

〔受発注管理システムの運用中の事象〕

夜間バッチ処理において，注文トランザクションデータから注文書を出力するプログラムが異常終了した。異常終了を検知した運用担当者から連絡を受けた保守担当者は，緊急出社してサービスを回復し，後日，異常終了の原因となったプログラムの誤りを修正した。

ア　異常終了の検知
イ　プログラムの誤り
ウ　プログラムの異常終了
エ　保守担当者の緊急出社

解説　インシデントは，事故につながるきっかけくらいの意味で使われる用語です。ここでは問題文中に「プログラムが異常終了した」とばっちり書いてありますので，そのものずばりでウを解答すればOKです。放っておくと重大アクシデントに育ちますが，異常終了がちゃんと検知され，運用担当者が手順通りに保守担当者に連絡し，保守担当者は夜間にもかかわらずさぼりもせずに緊急出社してくれたので無事にサービスが回復しました。システム運用は多くの人の協力と献身で今日も継続しています。

解答：ウ

番号

A

B

C

D

E

H

I

J

た行

な行

は行

ま行

や行

ら行

わ行

■著者略歴

●岡嶋裕史（おかじま ゆうし）

中央大学大学院総合政策研究科博士後期課程修了。博士（総合政策）。富士総合研究所勤務，関東学院大学准教授，同大学情報科学センター所長を経て，中央大学国際情報学部教授，同政策文化総合研究所所長。基本情報技術者試験（FE）午前試験免除制度免除対象講座管理責任者，情報処理安全確保支援士試験免除制度 学科等責任者，その他。

【著書】

『情報セキュリティマネジメント合格教本』『ネットワークスペシャリスト合格教本』『情報処理安全確保支援士合格教本』『はじめての AI リテラシー』（いずれも技術評論社），『メタバースとは何か ネット上の「もう一つの世界」』『Web3 とは何か』『ChatGPT の全貌』（光文社），『ブロックチェーン　相互不信が実現する新しいセキュリティ』『5G』（講談社），『実況！ビジネス力養成講義　プログラミング／システム』『思考からの逃走』（日本経済新聞出版）ほか多数。

●カバーデザイン　小島トシノブ（NONdesign）
●カバーイラスト　大野文彰
●本文デザイン・レイアウト　SeaGrape
●本文イラスト　かたおかともこ

［改訂新版］要点早わかり
情報セキュリティマネジメント
ポケット攻略本

2018年 2月15日　初 版　第1刷発行
2023年10月 6日　第2版　第1刷発行

著　者　岡嶋 裕史
発行者　片岡 巌
発行所　株式会社技術評論社
東京都新宿区市谷左内町21-13
電話　03-3513-6150　販売促進部
03-3513-6166　書籍編集部
印刷／製本　昭和情報プロセス株式会社

定価はカバーに表示してあります。

本書の一部または全部を著作権法の定める範囲を超え，無断で複写，複製，転載，あるいはファイルに落とすことを禁じます。

©2018　岡嶋 裕史

造本には細心の注意を払っておりますが，万一，乱丁（ページの乱れ）や落丁（ページの抜け）がございましたら，小社販売促進部までお送りください。送料小社負担にてお取り替えいたします。

ISBN978-4-297-13699-4 C3055
Printed in Japan

■お問い合わせについて

本書に関するご質問は，弊社 Web サイトからお送りいただくか，FAX または書面でお願いいたします。電話による直接のお問い合わせにはお答えしかねますので，あらかじめご了承ください。また，できる限り迅速に対応させていただくよう努力しておりますが，場合によってはお時間をいただくこともございます。

ご質問の際には，書籍名と該当ページ，メールアドレスや FAX 番号などの返信先を明記してください。ご質問の際に記載いただいたお客様の個人情報は，質問の返答以外の目的には使用いたしません。

◆お問い合わせ先
〒162-0846
東京都新宿区市谷左内町 21-13
株式会社技術評論社 書籍編集部
『改訂新版 要点早わかり 情報セキュリティマネジメント ポケット攻略本』係
Web：https://gihyo.jp/book/
FAX：03-3513-6183